JN147638

上：もらわれてきた頃のダイスケ
左：もらわれてきて一年後のダイスケ。半年前からもうこの体格
下：もっともかっこいい、堂々として見えるダイスケ

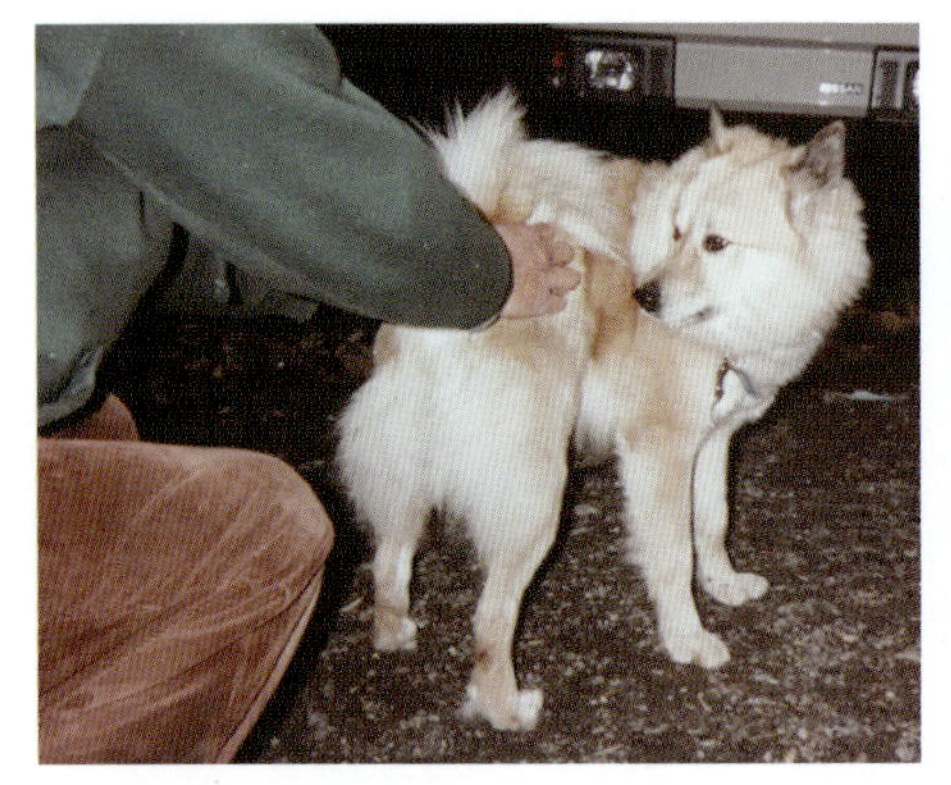

体が柔らかいダイスケ

おねだり催促するダイスケ

弟に対して、低姿勢でありつつ、尻尾を上げて無理に喜んでいるポーズのダイスケ

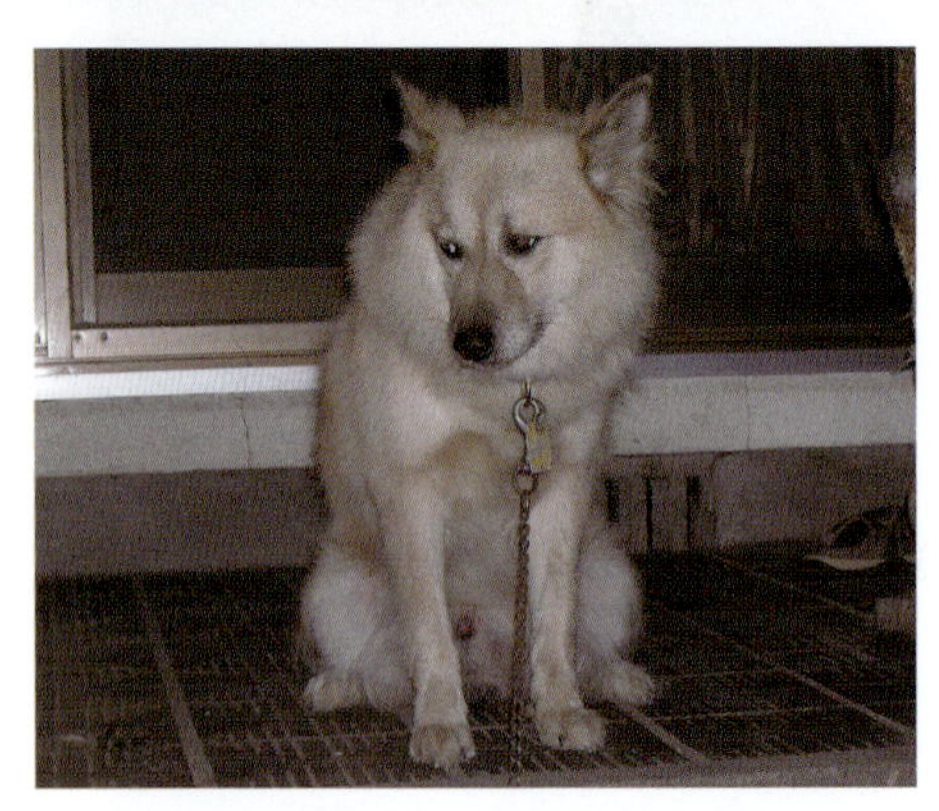

何かを考えている様子のダイスケ

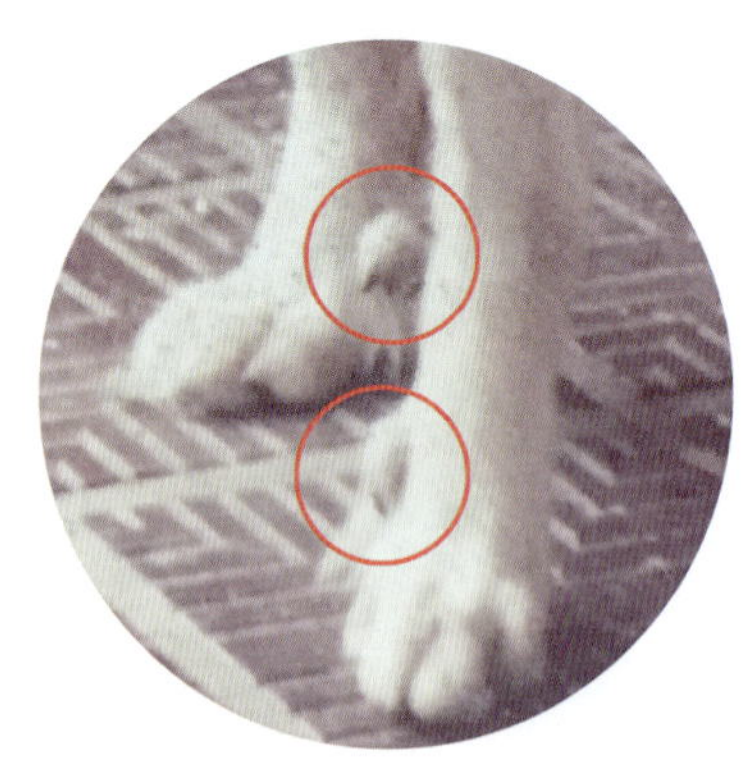

オオカミの証明

少し機嫌が悪いダイスケ

待てと言われてガマンするダイスケ

絶対言うことを聞かないぞ、という
顔と態度のダイスケ

野性的、あるいはオオカミを連想させる

母のそばで、幸せそうなダイスケ

ダイスケ犬の唄

死後十年経ってもまだ歌っている

佐野量幸
Sano kazuyuki

不知火書房

はじめに

ダイスケという犬の名前は、飼い主が好みや気まぐれから一方的かつ勝手につけたものではなく、生まれながらにしてダイスケだったからである。

また、「唄」の中で、ダイスケという名前にあえて犬を付属させたのは、本来「ダイスケ」が人間の名前であることから、それと区別したためで、他意はない。

さて、ダイスケとの出会いは、母が入院していたときに相部屋の方から、犬の子が生まれたので、よかったらもらってくれないか、と言われたことがきっかけだった。

そこで、妹と弟がその家へ見に行った。似たような濃い茶の犬が三匹と白い犬が三匹いたという。が、そのうち、白い犬三匹と濃い茶の一匹はすでにもらい手が決まっていたとのことで、残る濃い茶の二匹のどちらかをもらうことになった。

では、なぜダイスケを選んだかと言うと、少し前に飼っていたクロという犬が飼い主にとても忠実だったことから、できれば少しでもクロに似た犬、というのが暗黙のうちに選考基準となっていたからである。

したがって、クロの名の由来である鼻が黒かった方が、ダイスケだったのである。……ただ、似ていたのはそこんとこだけで、その他はまったく似ても似つかないものだったから、よりによって何でこんなのを連れて来たのだと、あとで何度か言い争いになった。

それはさておき、ダイスケはもらわれてくるとき、早くもダイスケらしさを発揮した。と言うのも、ウチへもらわれてくる車の中で車酔いしたのか、思いきり吐いたのである……。

ところで、名前であるが、妹が思いつく犬の名前を片っ端からダイスケに呼びかけていたのだが、なかなか反応しなかったという。「ハヤテ」、「フブキ」、「ムサシ」、「コジロウ」、「ケンシロウ」といったカッコいい名前から、普通の犬の名前まで、いろんな名を口にしたにもかかわらず、である。

そして、その流れのなかで、何げに「ダイスケ」と口にしたとき、ダイスケの体がピクッと動いたという。

初めは、ただの偶然だと思って、続けて他の名を呼び続けたのだが、どれにも無反応だった。それで、もう一度、「ダイスケ」と呼びかけてみたところ、またもや体が反応したのだった。

これで、決まりだった。すなわち、ダイスケは生まれたときから、ダイスケだったのである。

＊

クロがあまりによく言うことを聞く犬だったから、言うことをあまり聞かないダイスケがより際立って印象づけられたのだった。

＊

クロは、大きくなるまで三年かかった。一年経っても大きくならないので、これくらいの大きさの犬だったのだ、とあきらめていた。中型犬だと思っていたのに、小型犬の大きい方くらいだったのである。

それがどうだろう、三年経つころになると、中型犬の大きい方にまで成長したのであった。

これがダイスケとなると、何と半年でクロの大きさにまで成長したのだ。そのあまりの早さに、途中で他の犬と入れ替わったのではないか、と疑ったほどである。

と言うのも、小犬の頃には濃い茶だった毛が、大きくなるにつれ次第に薄くなっていったからである。

「見に行ったときは、ムーミンだった。それが、もらいに行ったときには豆狸（まめだぬき）になっていた。そして、やっと犬になった……」

妹は、そう言って笑った。

なぜ、かくも早く大きくなったかと言えば、もともとそんな体質だったのだろうが、それ以上によく食べたからである。小さいときは、暇さえあれば食べていたようだった。

◎目次

ダイスケ犬の唄

死後十年経っても
まだ歌っている

大善寺町編

犬たちを散歩させていた神社の境内

ダイスケ犬は　メシ食わん
メシ食わんけど　パンは食う
魚好き

ウチの犬は代々、飼い主と同じ物を食べていた。いわゆる、残飯である。ドッグフードがいいのはわかっているが、あまりにもうまいものを食べさせると、そうでないのを食べなくなる恐れがあるので、あえて食べさせなかった。

夫婦げんかは犬も食わない、という句があるように、犬はどんなものでも食べる代名詞になっているわけで、うまくないから食べないとなったら、それはもう犬ではない。

ところで、ウチのエサの定番は、猫まんまである。すなわち、残りのゴハンにみそ汁などの汁物をぶっかけたやつである。

汁物がないときは、代わりに削りぶしにお湯をかけて、しょうゆで味をととのえたのをぶっかけるのである。

飼い犬だから飢える心配はないが、それにしても今からすれば粗食である。番犬にとっての唯一の楽しみである食事がこれでは、欲求不満がたまって仕方がなかっただろうが、今までの犬は決してそんなことはなかった。飼われていることで十分だった、のではないかと勝手に思っていた。とりわけ、ダイスケの前のクロなんか、エサを持って行くと、それはもう大喜びしてピョンピョン飛びはね、感謝の気持ちを全身であらわしたものである……が、エサの中身がまたしても猫まんまとわかるや、ついさっきまでとは打って変わって、寂しくも情けない顔になるのだった。そして、これはほぼ日課みたいになっていた。

ではなぜ、そうとわかっていながら、エサを持って行くたびにクロがそんなに喜んだかというと、ときどき肉や魚が入っていることがあったからである。

だからクロは、期待していたエサだったときは、それこそ生きていることの喜びをかみしめながら食べていた。ただ、クロの食べるという行為は、よくかんで味わうのではなく、かまずに飲み込むのである。こっちの言葉で、ひん飲むと言う。

さて、ダイスケである。ダイスケの小さいときは、何でも食べた。それもクロのようにひん飲むのではなく、しっかりかんで食べた。そして、あまりにも食べっぷりがいいものだから、残飯が出るたびにそれを与えた。そのため、飼い主なみに一日三食プラスおやつだった。

その結果なのかどうかわからないが、わずか半年で成犬になった……。

すると、なぜかそれからメシを食べなくなった。そして、主食はエサではなく、おやつ代わりの食パンの端切れになった。ただ、魚の骨がエサに入っていると、完食した。そうでないときは、半分以上残した。

なぜ、メシをあまり食べなくなったかと言うと、おそらく歯ごたえのあるもの以外は食べたくなかったのだろう。

そんなわけで、私にとっては、ダイスケと言えば、メシ食わん犬、なのである。

ちなみに、食パンの端切れを食べたのは、ダイスケだけだった。それまでの犬は、口に入れようとすらしなかった。

例外が、言うことをよく聞いた律儀なクロだった。が、それは食べたと言うより、義理人情という渡世のしがらみから仕方なく、いやいや口に入れて無理に押し込んだものだった。だから、二口目は絶対になかった。

ダイスケ犬は　へこたれる

へこたれるけど　かっこいい
かっこだけ

へこたれると言うか、見知らぬものや大きな音に対して恐れを抱くのである。

ある日の夜、神社に付属する公園みたいなところに6メートルはあろうかというホッケンギョウの柱が突然出現していたときは、それをよけるように、こわごわ大きく迂回しながら散歩したものである。

また、すぐそばを走る西鉄電車が通過したときなど、初めての散歩だったダイスケは、その轟音にびっくりして、一目散に家に逃げ帰ったのだった。そんなことが三回ほどあったが、べつに何の危害もなく、音だけだとわかると、平気になった。今までの犬ではなかった反応だったので、私はかえって、そのことに驚いたものである。

それから、散歩の定番である夜の神社には誰もいないので、リードを放して自由に行動させていたが、一度わざと私が身を隠したことがあった。ダイスケがどうするか、見てみたかったのである。

すると、急に私の姿が見えなくなったことに気づいたダイスケは、私を捜そうともせずに、まっしぐらに家へ駆け去ったのだ。小さな灯りが点在する境内には、バカみたいに私が一人取り残されていた。

おそらくダイスケは、ひとりぼっちになって急にこわくなったのだろう。とは言うものの、迷子になったわけではないし、ついさっきまでいっしょにいたのだから、少しは捜すかと思っていたのだが……。

私が家に戻ると、ダイスケは何事もなかったかのように、犬小屋の前にちょこんと座っていた。

ダイスケ犬は　瓦食う
コンクリも好きだし　石かじる
何じゃそりゃ

早い話、歯ごたえ、かみごたえのあるものが好きなのである。

犬用に売られている、歯垢を取り除くための太い綱や骨など、三日もたたないうちにかみちぎって、ズタボロにしてしまった。

また、エサを食べているとき、ダイスケの尻尾を握って左右に振ってもどうもしないのに、かじっている石や瓦を取ろうとわざと手を伸ばすと、唸り声をあげて威嚇するのである。

そのたびに、妹は、何というバカ犬か、と軽蔑するように笑った。

ダイスケにとってエサをもらえるのは当たり前のことであって、それについてはどうということもないが、しかし石をかじるという楽しみを邪魔するならば、たとえ飼い主と言えども容赦はしない、ということだったのかもしれない。

ところで、クロが小さいとき、そのちっさな歯で、トリの手羽元の骨を、五分かかってかみくだいたときは、すごいと思ったものである。

が、同じものを、もらってきたばかりのダイスケに与えたところ、何と、ものの一分もしないうちにかみくだいて食べてしまったのには、言葉も出なかった。

ちなみに、クロの前にいたジュンという犬は、スイカを食べた。赤い果肉の部分ではあったが、これには驚いたものだ。ためしにクロにやってみたところ、何と赤身の外側の白身まで食べてしまった。そのうち緑の薄皮一枚残すところまで食べるようになった。

では、ダイスケはどうだったのかと言うと、スイカには見向きもしなかった。なぜなら、柔らかいからで、固いもの専門のダイスケにとって口にするべき対象外のものだったのだ。ときたま、何かの拍子にダンボールなどの少し硬い紙を食べたことがあったので、面白半分でためしに牛乳パックをやってみたところ、ムシャムシャ食べてしまった。が、翌日、ケツから牛乳パックが消化されずに出てきたのを見て、二度と紙類をそばに置くのをやめた。
「おまえ、固いものだったら、ホントに何でも口にするのだな」

ダイスケ犬は　クソで泣く
クソで泣くけど　ウチでしない
きれい好き

なぜ泣くかと言えば、気持ちや性格ばかりではなく、文字通り、本当にケツの穴が小さい犬だからである。それで、クソするときの痛みに耐えかねて、いつもキャイーンと泣き声をあげるのだった。

また、ダイスケが便意をもよおしたときに必ずやる儀式がある。それは、ケツを支点にし中腰になって三度ほど右回転するのである。これを、私は、ダイスケの前戯と言っていた。だから、これをやり出すと、クソをすると分かるのである。

今までの犬は、ところかまわず排出していたが、ダイスケだけはきちっとしていた。そして、これをするのは散歩のときと決めていて、家では絶対にしなかった。

また、オシッコもするところを決めていて、そこでばかり排出した。ダイスケが変わっているのは、片足を上げて用を足すのが二回に一回だったことである。あとは、四つ足のままやっていた。

ダイスケ犬は　冬が好き
冬が好きでも　寝てるだけ
動かない

今までの犬のなかで、もっとも毛の量が多かったのがダイスケだった。おそらく、先祖は寒いところの犬だったのだろう。何しろ、外毛と内毛の二種類の毛があったのだから。

そんなわけで、当然のことながら、冬の寒さは何ともなかった。

小犬のとき、雪の上で寝ているようなバカ犬だった、と妹はいつもそう言っては笑っていた。

ただ、童謡のように、雪の中を喜んで駆け回るということはなかった。

思うに、暑くさえなければ、また蚊さえいなければ、それだけで十分だったのだろう。

ダイスケ犬は　猫みたい　猫みたいでも　遠吠える　オオカミだ

猫みたいというのは、猫のようにじゃれる、ということである。

それはさておき、ダイスケがまだ小さいとき、どこからか犬の遠吠えのような声が耳に入ってきた。続いて、救急車のサイレンの音がはっきりと聞こえてきた。それで、何げに外を見てみると、何と、サイレンに共鳴して、ダイスケが遠吠えしていたのである。が、私と目が合ったら、すぐにやめてしまった。

　何かのとき、動物病院へ連れて行ったことがあった。そこの先生は、ダイスケを一目見るなり、「この犬には、オオカミの血が混ざっている」と言われた。

「はあ?」

「足の内側についているカギ爪があるでしょう。あれは、オオカミだった頃の名残りです」

　ダイスケが大きくなって、濃い茶から白っぽい薄茶に毛色が変わったころ、NHKテレビで『伝説の白オオカミ』というタイトルの番組が放送されたことがあった。

　それ以来、私はダイスケのことを、タイトルそのままで口にするようになった。だが、妹は「何がオオカミだ。ただのバカ犬だ」と言って、動物病院の先生の言葉を信じようとはしなかった。

ダイスケ犬は　散歩好き
散歩好きでも　散歩じゃない
走ってる

これは、今までの犬もすべてそうだった。とりわけ、クロは走るのが大好きな犬だった。それも、目茶苦茶、速かった。体型が、チーターに似ていた。スプリンターとは、クロのためにある言葉だった。

さて、ダイスケである。ダイスケも走るのは速かったが、クロほどではなかった。それでも、持久力はクロよりあった。

とにかく、ダイスケは、散歩が大好きだった。散歩命（いのち）、の犬だった。

エサを持って行っても、シラーとしているのに、散歩となると、もう吠え叫んで、早くしろと後ろ足で立ち上がり前足を上下させて催促した。

ダイスケ犬より　クロがいい
クロがいいけど　さわらせる
温和しく

犬の良し悪しの基準を忠実性に置くならば、クロは断然、百点満点であった。

だが、唯一、致命的とも言える欠点があった。それは、落ち着きがまったくなかったことである。とにかく、一瞬たりともじっとしていなかったのだ。

その点、ダイスケは落ち着いていた。さわっても、温和しくじっとしていた。

それどころか、頭や首筋をかいてやってやめると、まだしろと前足で催促するのが常だった。

ちなみに、ダイスケは横になって普通に腹を見せていたものだが、クロは決して見せなかった。

忠実がモットーのクロが飼い主にさえ絶対に腹を見せなかったというのは、自分の弱点をさらすのを極度に恐れていたからに他ならず、ケンカが強かったわりには、意外と弱かったと思われる。

一方、ダイスケはと言うと、腹もさわってくれとばかりに、何の抵抗もなく、あっさりとさらけだしたものである。ヘコタレで、飼い主をあまり信用していなかったくせに、である。

おそらく、弱点を見せるというリスクよりも、さわってかいてもらっていい気持ちになる方が、断然良かったのかもしれない。

ダイスケ犬は　温和しい

温和しいけど　吠えかかる
帰り際

客が来ると、尻尾を振って迎えるのに、客が帰ろうと背を向けたとたん、ワフ、と吠えるものだから、客はびっくりする。

行きはよい犬、帰りはろくでもない犬、となるわけである。

ただ、帰り際に吠える客の多くは、せめて話だけでも聞いてくれ、と言う訪問販売員なのだが。

したがって、ダイスケは、あれでけっこう人を見る目があることがわかった。だが、妹は、それこそ、へこたれ犬の証明ではないか、と切って捨てた。

ダイスケ犬は　弟が好き
そんなわけないけど　仕方がない

死にたくない

ダイスケには人を見る目があるからこそ、相手によって態度を変えるのである。そのことを如実に物語っていたのが、弟に対する接し方であった。

それは、次の三語に要約される。すなわち、絶対服従、慎重、そして用心である。

何しろ、少しでも弟に逆らったり、またそんな素振りでもしようものなら、どんなにひどい仕打ちをされるか、わかったものではなかったからである。

ダイスケは、おそらくこんな心境ではなかったろうか。

〈悪魔が来たりて、ぼくをいじめる〉

どれだけ、ダイスケが弟に気を遣っていたか。

たとえば、散歩である。通常の散歩ルートである神社一周の所要時間は、だいたい30分から40分くらいなものである。

それが、たまたま弟がダイスケを連れ出したとき、何と、10分かそこらで帰って来たではないか。

これには、妹もびっくりして、思わず聞いたものである。

「本当に散歩したのか。神社には行かず、神苑（神社に付属している庭みたいな公園）で戻って来たのではないのか」

なぜ、こんなに早かったかと言うと、ダイスケは、途中で停まることなく、通常のルートを休まずにさっさと周って来たからだった。

つまり、ダイスケは、弟と長くいっしょにいたくなかったのである。それと、いつものように何度も立ち止まってはグズグズしていたら、どんな難クセをつけられて、何をされるかわかったものではなかったからである。

言うならば、危険人物に対しては、自分勝手な行動を極力慎んで、最高レベルの警戒心を持って接しなければならないことを、ダイスケは肝に銘じていたわけである。

これが何を意味するかと言えば、ダイスケは私や妹を完全になめていた、ということになる。

さて、それほどまでに細心の注意を払っていたにもかかわらず、あるとき、弟に対して大チョンボをやらかしたことがあった。おそらく、一瞬、気がゆるんでしまったのだろう。

外で弟が来客と立ち話をしていたのだが、そのとき何を思ったか、ダイスケがやたらと弟のズボンのすそあたりのにおいをかぎ始めたのである。私は、おや？　と思った。あれだけ忌避していた弟にスキンシップをはかろうなんて、おい、ダイスケ、どういう風の吹き回しだ、と。するると、次の瞬間、ダイスケはまさかの行動に出た。何と、いきなり後ろの片足を上げて、弟の足にマーキングしたのである。

弟は、すぐには気がつかなかったが、異変を感じて何げに足元を見てみると、ダイスケがオシッコをかけているではないか。さあ、弟の怒るまいことか……。その日はダイスケにとって生涯で最悪の厄日となった。

こういうのを魔が差す、と言うのだろう。なぜ、そんなことをしたのだ、と当人に聞いても、答えようがないだろう。なぜなら、魔が差したのだから。つまり、ダイスケに悪魔がとりついたわけだから。

言うならば、弟に対して、嫌っているという本心を毛ほどでも見せたならば、とても生きていけないので、無理してでも好きなフリをしなければならなかったことに対する反動が起きたものと思われる。

と言うのも、全く気を遣う必要を認めていなかった私や妹に対しては、ダイスケがそんなことをしたのは一度もなかったからである。

ダイスケ犬は　オレが好き
そんなわけないけど　仕方がない
メシ散歩

クロとダイスケの決定的な違いは、クロにはウラオモテがまったくなく、飼い主にひたすら忠実だったことである。

弟がダイスケを選んだのは、ダイスケの方がよりクロに似ていたからで、クロのような犬を期待したからに他ならない。

ところが、である。鼻が黒い以外は、すべてにおいて真逆な犬だったのだ。弟がダイスケをあまり快く思わなかったのは、だから当然と言えば当然のことだった。期待はずれとは、まさにダイスケのためにある言葉だったのだ。

さて、ダイスケは、私には比較的忠実だった。あるいは、そのように思われるように接していたのだろう。メシを持って来るし、おやつに食パンの端切れもくれるし、そして何より夜の散歩に連れて行くのだから。昼の散歩ではリードでつないだたままだったが、夜の散歩では放してダイスケに自由行動をさせていた。

そのために、私にはいちおう最低限の敬意だけは払っておこう、くらいの気持ちだったと思われる。

なぜなら、ダイスケが家族のなかで一番好きだったのは、母だったからで、しかも一番と二番以下の差はとてつもなく大きかったのだ。

ダイスケ犬は　妹好かん　仕方がない
そんなわけないけど
バカうつる

今までの犬は、一匹の例外なく、妹を女王様のような特別な存在としてあがめていたものである。であればこそ、妹がしつけたり、芸を教えたりすることに、何の抵抗もなく従い、よく言うことを聞いたのである。

なかでも、もっともおもしろかったのは、クロに対する「待て！」であった。妹がお菓子をクロの目の前に差し出して「待て！」と言うと、クロはいつまでも待った。そして、そのお菓子をさらに鼻の先に近付けると、あろうことか、クロは座ったまま後ずさりするではないか。あるときなどは、腹ばいのまま後退するのだった。匍匐前進ならぬ匍匐後退ができる犬だった。

では、ダイスケはと言うと、「待て！」と言われれば、とりあえずそれに従う。が、妹が一瞬でも目を離すが早いか、電光石火の早業で、あっと言う間にかぶりついて食べてしまうのだった。

これはどういうことかと言うと、やはり、妹をなめていたとしか考えられない。

「なぜ、待たないんだ！」と妹が怒ると、ダイスケは、こう答えたはずである。

「悔しかったら、スキを見せなさんな」

それはさておき、妹が食べ物を持っていないときは、自分から妹のところへは決して近づいて行かなかったし、妹の方からそばに寄ってきても、すっと身をかわすように移動するのだった。

しかし、妹が何か持っているなと察すると、尻尾を振りながらそばに近寄って行くのだった。

そのたびに妹は、口グセのように言っていた。

「ダイのアンポンタンが……。本当に、ろくな奴ではない」

が、私はひそかにダイスケを擁護した。いや、そうじゃない。ダイスケには、人（の本質）を見る目があるのだ、と。

ダイスケ犬は　ガマンする
待て！　と言われて　耐えながら
よだれ垂らす

そんなことがあってから、妹はスキを見せなくなった。そうなると、さすがのダイスケも、ひたすらじっと待つしかなかった。

普通、待ての時間は、だいたい10秒から30秒くらいなものである。が、妹は、2分以上も待たせたのである。

それで、最後にはとうとう体の方が待ちきれずに、ダイスケの口からはよだれが滝のように流れ落ちるのだった。

ダイスケ犬は　すぐ食べない
好きなものでも　すぐ食べない
もったいぶる

貧乏性の飼い主に似たのか、ダイスケは、エサをやってもすぐには食べなかった。

「おまえの大好きな魚の骨が入ってるんだぞ」

それでも、じっとしている。何かを待っているのだ。何を待っているかと言えば、私が家の中に入っていなくなるのを。

そして、誰もいないのを確認してから、おもむろに食べ始めるのである。

それから、食べ方がまた独特だった。ダイスケは、ひとつひとつをよくかんで味わうようにじっくりゆっくり食べるのだった。

動物病院の先生が言うには、それは頭がいい証拠なのだ、と。

私は、そうかなあと思う半面、そうかもしれないと納得したりもした。

と言うのも、ダイスケは、ときどき何かを考えているような、あるいは心配するような顔になることがあったからである。

そんなとき、私はダイスケにこう言ったものだ。

「おい、ダイスケ。どんなにおまえが日本の将来について考え、心配したからといって、どうにかなるものではないんだぞ」

ダイスケ犬は　用心する
お菓子をやっても　用心して
においかぐ

頭がいいことの証明が、この疑うということなのである。

これは、自分より格下だとみなしている妹に対してだけではなく、私の場合でも同じようなことをしたのである。

お菓子を差し出す。とりあえず、歯でくわえ、それを下に落とす。それから、じっとこっちを見る。その目は、まさか変なものをやったんじゃないだろうな、と疑っているかのようである。そして、おもむろに、においをかぐ。妙なものではないようだとわかってから、ようやく口に入れる。……うまい！

すると、前足でもって、もっとくれ、とねだるのである。

「ダイのアンポンタン。信用しない奴に、誰がやるか！」

かなり気を悪くしながらも、妹はそれにこたえる。ダイスケは、今度は間を置かず口にして、ムシャムシャとおいしそうに食べる。これは、私のときも同じである。

あるとき、私が一口食べたお菓子をやったときでも、同様なことをしたのである。私は言った。

「おまえなあ。飼い主が目の前で毒見したものを、すぐに食べない奴がいるか」

いかに、我々がダイスケから信用されていないかを、如実に物語っている。

ただし、例外がある。母である。母が差し出す食べ物はすべて、ノータイムで即、口にするのだ。しかも、催促するときは前足ではなく、尻尾を振り回して、次のを待ってまあす、のポーズをとるのである。

つまり、ダイスケは、一家の大将が母だと認識していて、それだから、全面的に信用し、服従していたのである。

ちなみに、母は、犬や猫はもちろんのこと、動物全般が嫌いである。

普通、犬は、犬嫌いな人間を本能的にかぎわけ、親の仇のごとく憎悪するものである。にもかかわらず、ダイスケは母が大好きだった。

ということは、やはり、ダイスケは人を見る目があったということなのだろう。

それにつけても、ダイスケごときから信用されておらず、さらにその上、なめられているというのは、何とも、情けないことではあった……。

ダイスケ犬は　やわらかい
ケツの穴まで　口とどく
清潔だ

とにかく、ダイスケの体は、まるで軟体動物のようにやわらかかった。

だから、体のいたるところに口を持っていくことができるのだった。よって、清潔なのである。

ダイスケ犬は　すぐ埋める
大きいものを　掘り出して
あとで食う

ダイスケにトリの骨の大きいのをやると、すぐには食べずにだいたい埋めていた。それと、後でじっくり味わいたいものは必ず埋めていた。

埋めるのはいいが、ただでさえ黒い鼻がそのたびに泥だらけとなり、さらに黒くなった。だから、泥まみれになったダイスケの鼻を見ると、ははあ、また何か埋めたな、とわかるのだった。

そこで、何を埋めたのか、それとおぼしきところを掘り返すという意地悪を何度かしたものである。

ダイスケ犬は　寝込んでた
蜂に刺されて　寝込んでた
あぁ　もうダメだ

その二、三日前くらいから、スズメ蜂が家の近くを飛び回っているのを確認していたから、私たちは用心していたのだが、その恐ろしさを知らなかったダイスケが刺されてしまったのである。

おそらく、ダイスケは、スズメ蜂を追っていたのだろう。まさか、その蜂が強力な毒針を持っていようとは思ってもみなかったので、普通にガブリとやったつもりが、逆にブスッと刺されてしまったということなのだろう。

それで、翌日までずっと小屋の中に引き込もったまま、一歩も外には出て来ることはなかった。

ダイスケ犬は　復讐する
スズメ蜂を　かみ殺し
胸を張る

それから、二、三日後のこと、ダイスケが何とはなしに得意気な様子だったので、何かあったのかと思った。

すると、どうだろう。少し離れたところに、大きなスズメ蜂が転がっていたのである。

私は、ダイスケを見た。ダイスケは、こんなことを言っているようだった。

「キジも鳴かずば撃たれまいに……」

おそらく、ダイスケは、刺された痛みに耐えながら、ずっと考えていたのだと思う。敵の攻撃をうまくかわし、敵を倒す方策を。

そして、みごとにそれを成し遂げたのである。

私は、その場に立ち会わなかったことを、残念に思った。

ダイスケ犬は　薬飲まない
まんじゅうに混ぜても　すぐ戻す
なんちゅう犬

フェラリアの薬を飲ませるとき、今までの犬は、まんじゅうのあんの中に押し込んでから与えていた。

当然、ダイスケにも同じようにした。ダイスケは、うまそうに食べた。

ところが、である。そのあと、口から何かをポトリと落としたのだ。よおく見ると、あろうことか、それはフェラリアの薬だった。私は言った。

「おい、ダイスケ。おまえ、フェラリアで死ぬぞ」

とにかく、何とか飲ませようと、何回も試みたのだが、結果は同じだった。ダイスケは、まんじゅうを何個も食べられて、大いに満足した様子だった。

翌日、動物病院の先生に事情を話した。すると、先生は、別のフェラリアの薬を処方してくれた。

「これなら、大丈夫。絶対に飲みます」

私は礼を言ったが、しばらくして絶句した。請求書には、前の薬の五倍の金額が書かれてあったのだ。

「ダイスケの奴……」

さて、べらぼうに高い薬を、何も混ぜずにそのままダイスケに与えた。まんじゅうがもったいなかったからである。もし、飲まなかったなら、フェラリアにでも何でも、病気になって死んでしまえ、と私は半分ヤケ気味だった。

するとダイスケは、いつものように用心してにおいをかぐかと思いきや、すぐ食べたのだった。

「えっ⁈」

私は驚いた。が、さらにびっくりしたのは、前足で、もっとくれ、と催促したことだった。

なぜ、ダイスケが無条件で口に入れたかと言うと、その薬がドッグフードのジャーキーで出来ていたからである。だから、高価だったのだ。私は思わず憎まれ口を叩いた。

「おまえは、ホントにろくでもない犬だな……」

ダイスケは平気な顔をしていた。おそらく、こう言いたかったはずである。
「あんたからは言われたくない。同類じゃないか」と。

ダイスケ犬は　待っている
Mさんの来るのが　わかっていて
10分も前から　待っていた

月に一度か二度、佐賀県の伊万里市から、Mさんがウチへやって来た。ダイスケは、Mさんが大好きで、来られるのをいつも心待ちにしていた。

べつだん、Mさんが好物のお菓子を持って来てくれるとか、ネコかわいがりにかわいがるというわけではなかった。つまり、ダイスケは無条件でMさんのことが好きだったのである。飼い主よりも他所(よそ)の人の方が好きだというのも、ダイスケがろくでもない犬であることのひとつであった。

とにかく、Mさんが来るだけで大喜びし、いつもよりはしゃいでいた。それを見とがめて、私はダイスケに言ったものである。

「おい、ダイスケ。Mさんちの犬になってもいいんだぞ」

そして、ダイスケとMさんの関係でいつも驚かされることがあった。

それは、Mさんがウチへ来る10分も前から、ダイスケが道路に向かってきちんと正座してMさんをじっと待っていたことである。

おそらく、Mさんの車が近づいてくるかすかなエンジン音を聞き分けて、待っていたのだろう。と言うのも、百発百中だったからである。

最初の頃は、偶然だろう、と半信半疑だった。しかし、それが三度四度と当たるものだから、たいした犬だなと見直したのである。

しかし、ある日を境に、ダイスケが正座して待つことがなくなった。Mさんがパタッと来なくなったのである。

そのわけは、Mさんの奥さんからの電話でわかった。Mさんは事故で急死されていたのであった。

私は、ダイスケに何らかの変化があるものと密かに期待していたのだが、それらしきことはなかった。

あれほど好きだったMさんが亡くなられたのだから、Mさんの車が来るのがわかったように、もう会いに来られないことを直感で認識し、せめて哀悼の遠吠えくらいはするかと思っていただけに、私はいささか裏切られた気がした。

「おまえ、意外と薄情な奴だな……」

ダイスケ犬も　水が嫌い
暑い夏でも　水が嫌い
脱走する

今までの犬は、すべて水が大嫌いだった。それでも、妹はそんなことお構いなしで、夏のもっとも暑い昼に、高さ一メートルはある大きな水桶に犬を入れては、無理矢理水浴びさせるのが恒例というか、年中行事というか、まあ我が家の夏の風物詩みたいなものだった。

どの犬も、最初はわけもわからず温和しくしていたものだが、二回目からは鎖につながれたまま逃げ回った。

さすがに、忠実で律儀なクロは、初めこそ身をかわしたりするもののすぐにあきらめて、されるがままになっていた。

だが、言うことを聞かんダイスケは、しつこく逃げ回った。そして、いったん観念して水桶に入れられてからも、なおそこから脱けだそうともがき続けた。

すると何かの拍子に、前足を桶のへりにかけたまま、ヒョイと桶を飛び越えたではないか。

「えっ?!」

妹はあわててダイスケを捕まえて、再び桶の中に押し込んだ。

足が太く強かったクロが何度もやろうとしてついに出来なかったことを、ダイスケは楽々とやってのけたのである。

と言うのも、ダイスケの前足は太く強かったので、力まかせに飛び越えることが出来たのだ。ただ、後ろ足はそんなに強くなかったから、うまくタイミングをはかっていたと思われる。

ではなぜ、ダイスケに出来て、クロには出来なかったかと言えば、クロの前足の力はダイスケほどではなかったからである。それに比べて、クロは後ろ足が強力だった。足が速かったのは、後ろ足のキック力にあった。だから、真上にジャンプするときなど、あまりに高く飛びすぎて空中でバランスを崩し、背中から落ちたことがときどきあった。

つまり、クロがどんなに後ろ足を使っても、水を張った深さ一メートルの水桶を飛び越ることはできなかったのだ。

そんなわけで、ダイスケを水浴びさせるときは、私がダイスケの両肩を押さえていなければならなかった。

とにかく、ダイスケは、いろんなワザを持っている犬だった。

ダイスケ犬は　舌が短い
毛深いのに　舌が短い
夏、大丈夫か？

テレビなどで、舌を出してハアハアしながら呼吸している犬をよく見かけるが、よっぽどの汗っかきだなと思う。

では、ダイスケはと言うと、ハアハアしているところを、ほとんど見たことがない。

いや、そうではなく、ダイスケの舌が短かかったために、ハアハアしているのに、ハアハアしているようには見えないのだ。

やはり、寒いところの犬なので、汗をかくなんてことがほとんどないために、舌が退化しているのかもしれない。つまり、体質の問題なのである。

しかし、ダイスケが住んでいるのは、福岡県である。夏の暑さはけっこう厳しい。たくさん汗をかいて、すなわち、いっぱいハアハアして体温調節しないと、熱中症にやられてしまう。

それに、舌が短いから、水を飲むのにも時間がかかる。舌でうまく水をすくったり、からめとれないからだ。

したがって、ダイスケにとって、夏さえ乗り切れれば、あとは楽だった。冬の寒さなんか、へっちゃらなのだから。

ダイスケ犬は　知らなんだ
大木（町）に引っ越したこと　知らないで
ひとりいた

諸事情があって、どうしても引っ越しせざるをえなくなった。引っ越し先が大木町だったのは、たまたまエンがあったからである。もしかしたら、他の町だったかもしれない。

さて、引っ越すとき、前の日に家財道具一式を新居に運び込んで、最後に残ったのが、ダイスケだった。だからダイスケは、モヌケのカラとなった家をそうとは知らずに、およそまる一日、ひとりで守っていたわけである。

今までの犬がそうであったように、ダイスケもこの家で一生を終え、ここの敷地の土となるはずであったのだが、唯一匹の引っ越し犬となったのだった。

引っ越しは、ダイスケとはまったく関係ないことだったが、こんなこともダイスケらしいと言えば、ダイスケらしいと言うことができるかもしれない。

ダイスケも、前日に大勢して何かやっているなとは気づいていただろうが、まさか、その翌日に、まったく見知らぬところへ自分自身が行くことになる運命が待っていようとは思いもよらなかったはずである。

だから、突然の環境の変化に、何がどうなっているのかさっぱりわからず、内心パニックを起こしただろうということは、容易に想像できる。

ダイスケ、六歳半の秋のことであった。

大木町編

クリークと田園風景

ダイスケ犬は　引っ越した
引っ越したけど　ナワバリが
広がった

引っ越した日の夜、ダイスケは一晩中泣いていた。少なくとも一週間は毎晩ずっと泣くだろうな、と思っていた。でも、泣いたのはその夜だけで、次の日からは泣かなかった。

ただ、私がどこかへ行こうとするとさびしくなるのか、それとも後を追いかけたいのか、泣くことがよくあった。

見知らぬ土地で、ひとりぼっちでいるのは、想像以上にさびしいことである。ましてや、勝手に連れ出されたのだから、心の整理がつくまでかなりの時間を要するはずである。

大善寺町でひとりでいたときでもまったく感じなかった孤独というものを、見知らぬ大木町で、何が何だかわからないまま、突然、ひしひしと身にしみて味わされたのだ。ダイスケならずとも、泣きたくなるのも当然のことである。

他にも、今までナワバリであった神社とそれに付属している公園みたいなところを、一夜にして失ったことがあげられる。かなりなショックだったと思われる。

しかし、それでもダイスケは、新しい環境に少しずつ慣れてきた。その一番の理由は、ナワバリが、大善寺町のときとは比べものにならないくらい、大きく広がったことである。

アスファルトの農道が前後左右にどこまで延びているのかと思えるほど長く走っていたのである。言うならば、ナワバリと言うより、世界が大きく開けたのだ。

今までのダイスケの世界は、神社とそれに付属した公園だけだった。なぜなら、その外側はキケンと隣あわせだったからでる。

神社の南側には筑後川の支流、広川が流れており、東側には西鉄電車の線路が通っていて、西側には久留米市と柳川市を結ぶ幹線道路である柳川県道が神社を巻くようにカーブして走っていた。

すなわち、ナワバリと言うか、行動範囲を広げようとすると、常に死を覚悟しなければならないほどの環境下にあったのだ。

実際、その昔、犬が放し飼いだったとき、初代のクロは（これは正真正銘、足の先っぽ以外は全身黒い犬だった）、柳川県道を横断中に車にはねられて死んだ。

また、ジュンという首輪抜けするのが得意だった犬は、西鉄電車にはねられて、数日後に死体で見つかった。と言うのも、草むらに隠れる形で倒れていたため、すぐにはわからなかったのだ。

そんなわけで、ダイスケの目は、大木町に引っ越してきたことで、大きく見開かれたのだった。世の中は、こんなにも広かったのか、と。

だからもう、前にもまして、散歩するのが待ち遠しくて仕方がなかったのだろう。毎日の散歩は微妙にルートが違っていて、同じルートはほとんどなかったのである。

何しろ、ウチから北に延びている農道は、二百メートルおきに十字路となっていて、そのたびごとに前・右・左と三通りのルートがあることになる。だからダイスケは、いろんなルートを、その先がどうなっているかわくわくしながら散歩していたのである。

ところで近年、田舎暮らしのすばらしさを売りにしているテレビ番組が評判になっているが、いかがなものだろうか。

と言うのも、全国放送で紹介されるほどの味わい深くて落ち着いた生活が送れるところだというのに、なぜそこで育った若者たちはそんなすばらしい生活を捨てて帰ろうとしないのかについての説明がまったくなされていないからである。

どうしてなのか。それはただ一言、不便だから、に尽きる。

若者にとって不可欠な遊ぶ場所や娯楽施設がない。そして何よりも、急病になったとき、すぐ近くに病院がない、というのは致命的である。

極論するならば、田舎とはコンビニと病院がないところ、と言うことができるかもしれない。

確かに、地区の人たちとの交流は何物にも換えがたいものかもしれないが、はたしてそれを、十年以上先までずっと続けていけるという保証はないのである。

しかも、最近のゲリラ豪雨による被害はすさまじく、その標的の多くは田舎なのである。

田舎暮らしをしたいと考えている人、またはあこがれている人は、こういった負の側面も考慮に入れておくべきではないだろうか。

ダイスケ犬は　すぐ帰らん
すぐ帰らんし　言うこと聞かん
何ちゅう犬

言うまでもなく、散歩でのこと。

大善寺町にいたときは、近くの神社一周が散歩コースで、その所要時間はだいたい30分から40分だった。

ところが、大木町は道がどこまでも続いているものだから、ナワバリが広がったというか、ダイスケは道のあるかぎりどこまでも行こうとするのである。

そのため、帰るぞ、と言っても、まったく聞く耳を持たずにドンドン先へ進むのだった。

あるときなど、帰るぞと、私が強くリードを引っ張っても、そのそぶりさえ見せず、それどころか、まだ帰らんぞ、とてこでも動かないことがあった。そして、そのまま5分ほどリードの引っ張り合いをして、ようやくダイスケもあきらめたのか、しぶしぶ帰ったのだった。

ダイスケ犬の　唄歌う
散歩よりこっちが　くたびれる
もう帰るぞ

「ダイスケ犬の唄」が出来たきっかけは、あまりの散歩の長さからだった。もっとも長かったときで、一時間35分というのがあった。

犬と一時間半もつき合うのは、けっこう辛いものがある。そこで、その気晴らしに、私がふだんダイスケに対して思っていたことに勝手にメロディをつけて歌ったのが、この「ダイスケ犬の唄」なのである。

最初は、十番くらいだったものが、だんだん増えていった。そして、とうとう散歩よりも、歌っている方が疲れるようになってきた。

内容は主に、ダイスケへの批判や悪口だった。そして、ダイスケ犬の第一印象とも言うべき、メシ食わん犬、というのが一番になった。言うならば、これが、ダイスケの代名詞である。他にも、へこたれ犬とか、石かじる犬などがある。

ダイスケ犬は　考える
散歩の途中で　立ち止まり
どっちへ行こうか　迷っている

引っ越して来てしばらくは、こういうことがよくあった。

ダイスケとしては、十字路でまっすぐ行きたいし、左折も右折もしたいのだが、どれかひとつを選ばなければならないのが悩ましいのである。しかしながら、大善寺町にいたときの、他に選択の余地がなかった頃に比べれば、贅沢な悩みと言わなければならない。

つまりは、ダイスケが私を引き連れて、散歩している、ということなのである。

それで、私が散歩中に考え事をしていて、ふっと気がついたとき、今、自分がどこにいるのかわからなくなることがときどきあった。何しろ、まわりはずっと田んぼが広がっていて、農道も縦横にきちっとまっすぐ伸びているものだから、しかも夜だったこともあって、一瞬、ここはどこ？　の状況になっていたのである。

が、ダイスケが歩き出してしばらくすると、ああ、今ここにいるのか、と現在地がわかるのだった。ダイスケがちょくちょく立ち止まっては、道端のにおいをかいでいたからである。

ダイスケ犬は　かぶりつく
かぶりついて　食いちぎる

怒ってんだぞ　腹減って

ダイスケはときどき、どこかの猫にエサを盗み食いされることがあった。せっかく、あとで食べようと残していたものがいつの間にかなくなっているのだから、ダイスケが腹を立るのは、当然のこと。それは一目見てわかった。やたらと、ワフという声を出すからである。

そこで、私がおやつの食パンの端切れをやると、いつもだったら普通に食べるのだが、そんなときは決まって、かぶりつくようにいきなりガブッと食いちぎって、その勢いのまま鼻息荒く食べるのである。いかにも怒っているんだぞ、と見せつけるために。

そしてたぶんこんなことを言いたいのだろう。

「ちっと考えれば、腹減っていることくらいわかりそうなものを。気が利かんと言うか、まったくもって、使えんのう……」

ダイスケ犬は　はっきりしてる

食べたくないものは　絶対に口に入れない

クロは、食べたくないものでも、おそるおそる口に入れて、いやいやながら飲み込んだものである。

せっかく飼い主が自分にやろうとしているものを、ムゲに断るのは大変失礼なことであると認識していたわけだが、しかし、罰ゲームではないのだから、いかにも無理してでも食べますという態度で食べられても、それはそれで、やる方としてはあまり気持ちのいいものではない。

ただ、クロとしては、飼い主の意にそうように、できるだけのことをしなければならない、と日頃から心に決めていたことによる行動なのであった。まったくもって、ケナゲな犬であった。どんなにいやなことであっても、やれ、と言われれば必死になってやろうとするのだった。

さて、ダイスケである。こいつは、好き嫌いがはっきりしていた。

鼻先に食べたくないものを突きつけて食べるよう強要しても、いやなものはいやだとばかりに口をつぐんだまま、プイと顔をそむけるのである。

すなわち、「いらん、好かん、食べん」という自分のポリシーを貫くことに徹していた犬だったのだ。

ダイスケ犬は　変わらない
ズブ濡れになっても　変わらない
そのままだ

今までの犬は、雨や水に濡れると、バブルがはじけたように、実体よりひとまわりもふたまわりも小さくなってしまった。そのたびに、アレ？　と思ったものだ。

けっこう太っているようでも、実際は毛によってそのように見えていただけだったのである。端目から見て仲むつまじく見えた夫婦が、実は、仮面夫婦だった、みたいなものである。

ところが、である。とても毛深い犬だったにもかかわらず、ダイスケの体型はほとんど変わらなかったのだ。

これはどういうことかと言うと、ダイスケは白熊のように、外毛ばかりでなく、水につかっても濡れることのない内毛があったからである。さすがに、寒いところの犬である。

また、一年でもっとも寒い二月に、その弱々しい日射しさえも避けるように、ライトバンの下にもぐり込む犬でもあった。

だから、言ったものである。

「おい、ダイスケ。二月でこうだったら、夏はどうすんだ?」

当然のこと、夏になる前に、冬毛とも言うべき外毛が自然に脱け落ちるわけだが、それがまたハンパな量ではなかったのである。

「おい、ダイスケ。おまえは、羊か」と突っ込んだものである。

ダイスケ犬は　吠え立てない
吠え立てないけど　鎖を鳴らして
威嚇する

家の南側の道路を散歩する犬が数匹いた。ダイスケは最初は吠えていたが、次第に吠えなくなった。その代わり、ライトバンの下をくぐって、少し飛びはねることによって鎖を車体の底に打ちつけて、ガチャンガチャンと音を鳴らすのだった。

どうだ、オレ様は、こんな音を出すことができるのだぞ、と言わんばかりのパフォーマンスだった。

吠える労力を控えて、道具（みたいなもの）を使って、ナワバリに近づく者に警告を与えていたわけであった。さすがに、いろいろとやってくれる犬だった。

ダイスケ犬は　何もしない
食べているときに　尻尾を握っても
何もしない

クロを例外として、今までの犬は、エサを食べているとき、少しでもちょっかいを出そうものなら、ウゥと唸り声をあげたものである。ましてや、尻尾をつかんだりしたら、ワフとかみついてきた。

ところが、ダイスケは、何ら気にすることなく、エサを食べ続けるのだった。さらに尻尾を握って左右に振り回しても、無反応だった。

だがしかし、これにはちゃんとしたダイスケなりのポリシー（？）があった。すなわち、今までの犬にとってのエサを食べるという行為は、ダイスケにとって石をかじることと同じだったのである。

つまり、エサのときは何もしなかったが、石をかじっているときに手を伸ばそうとすると、決まって、ウゥと唸ったし、さらに手を近づけると、ワフとかみつこうとしたのだ。

言うならば、今までの犬の至福のときが食事だったとするならば、ダイスケにとってのそれは、石や瓦かじりだったというわけである。

そんなダイスケを見るたびに、妹は言った。

「ダイのアンポンタンが……。ホントウに、バカ犬なんだから」

ダイスケ犬は　突っ込んだ
突っ込んだけど　死なやった

泣いただけ

大木町に引っ越してからも、夜の散歩でときどきダイスケを放すことがあった。以前から車に突っかかっていくクセがあることは承知していたが、それは鎖につながれていたからで、あくまでもパフォーマンスだと思っていた。

ところが、ある晩のこと、私の目の前で、バイパスを猛スピードで走って来た車を追いかけようと、ダイスケが猛然と突進して行ったのである。

私は、あっ！　と思った。まさか、本当に突っ込んで行くとは……。おそらく、オオカミというダイスケの野生の血が騒いだのだろう。

と同時に私は、ダイスケが死んだ、と覚悟した。車に突進した瞬間、ガツンという音と、キャイーンの泣き声がひとつに混ざって聞こえてきたからである。

私は、今すぐにも病院へ連れて行かなければと思った。

ところが、である。何と、ダイスケは少しびっこをひきながらではあるが、こちらへ歩いて来るではないか。

私は、ダイスケが死んでなかったことに、ホッとしたが、最悪でも大ケガをしているだろうとダイスケを見た。

するると、そんな私の心配をよそに、ダイスケは私のすぐ近くまで来て、リードをつけてくれるよう、ちょこんと座った。私はダイスケにリードをつけて、いったん家に戻ってから病院に連れて行こうと、ダイスケを抱きあげようとした。

が、ダイスケは、何事もなかったかのように、普通にスタスタと歩き出したのだった。

ダイスケ犬は　懲りてない
死んだ目にあっても　懲りてない
また突っ込む

翌日から、私は散歩の途中にダイスケを放すことをやめた。まさか、本当に走っている車に突進して行くとは思ってもみなかったから、当然のことである。

ダイスケほど、世の常識が通用しない犬も珍しいと言わなければならない。

さて、一夜明けて、どこかに後遺症が出ていないか、ダイスケの体をあちこち調べたが、別に異常なところは見当たらなかったので、動物病院へは連れて行かなかった。

たとえ連れて行ったとしても、おそらく悪いところは見つからなかったと思う。なぜなら、動物病院では脳検査まではやらないだろうから。

夜が来て、いつものようにダイスケと散歩に出た。すると、昨日の現場で、再び車に突っ込もうとしたのだった。幸い、今度はがっちりリードを引っ張っていたから、昨夜の再現とはならなかった。

私は、これはもう、死ななきゃ治らない病気だな、と思った。

おそらくスズメ蜂の一件のときのように、復讐するつもりで、突っかけようとしたのだろう。今度は、うまくやるぞ、と。

また、この件からしばらくして、夜の散歩を朝に切り替えた。

と言うのも、晩メシ食って一時間半後に、散歩初めとしての百五十メートルのダッシュをさせられてから、私の胃の調子が悪くなってきたのである。

そんなわけで、ダイスケとの散歩は夜から早朝の空腹時の散歩に替わったのであった。

ダイスケ犬は　雨が嫌い
雨を嫌うけど　どしゃ降りの中を
散歩行く

夜の散歩で、雨や雪がひどいときは、行かなかった。これに関しては、ダイスケとは暗黙の了解があった。なぜなら、その埋め合わせに、翌朝、必ず散歩に行ったからである。

ところが、である。夜の散歩をやめて朝の散歩に切り替わったとたん、雨や雪や槍が降ろうとも、絶対に散歩に行かなければならなくなった。

と言うのも、ダイスケが、散歩に行くぞ、と催促するようになったからである。

〈こんな雨くらいで、ビビッてんじゃないぞ〉

とばかりに吠え立てるのである。

いつぞやなどは、北風が吹きすさぶ大雨の中を、散歩に行かされたことがあった。

私は、前方に傾けたカサを強く握りしめて散歩に出たわけだが、何げにカサを少し上げてダイスケをちらっと見てみると、顔に吹きつけ叩きつける雨風をものともせず、敢然と立ち向かって突き進んでいるダイスケの必死の形相が目に入ってきた。

それからである。ダイスケのことを、ときどき「宮沢犬（みやざわけん）」と呼ぶようになったのは。

ダイスケ犬と　散歩して
突然の雨で　雨やどり
動くなよ

大善寺町での散歩は神社だったから、雨が降ってもどこかに雨やどりするところがあった。

それで、ビミョーな天気のときでもいちいちカサを持って行かなくて良かった。

ところが、引っ越してきたところは大木町の端っこで、周りは田んぼとクリークばかりだったから、途中で雨に降られでもしたらズブ濡れになるのは必至だった。

それでも、点在するイチゴのビニールハウスやポンプ小屋などの、あるかないかのひさしの下で何とか雨をやりすごしたことが、何度もあった。

それはいいとして、困ったのは、ダイスケが温和しくじっとしていないことだった。

何たって、普通の雨くらいならたいして苦にしない「宮沢犬」なわけだから、散歩を続けたくてウズウズしていたのだ。

ダイスケ犬は　引っ越して
恋人いなくなっても　へっちゃらだ
奥さんがいる

大善寺町の神社は、ダイスケのみならず、近所の犬たちの散歩コースでもあった。その中の一匹のメス犬は、放されるや一目散にウチにやって来るのだった。もちろん、ダイスケが目当てである。言うならば、通い妻である。ダイスケも待っていたようだった。

普通であれば、メス犬が発するフェロモンの臭いに誘われて、どこからともなくオス犬がやって来て……という具合なのだが、ダイスケにかぎっては、メス犬を引きつけるオス犬のフェロモンを発散していたのではないかと思われるくらい、モテにモテた。

基本、ロクでもないところは飼い主によく似ていたが、決定的に違うところはこれだった。

驚いたことに、ときにはオス犬からもメス犬にするように背後から乗っかかられることがあったほどである。

そんなとき、ダイスケは叫んだはずである。

〈バカヤロウ！　オレはオスだぞ〉

すると、相手のオス犬は、こう答えたのではなかったか。

〈気にすんな。誰にでも、欠点はあるさ〉

カッコ良すぎて同性からも本気で惚れられるというのは、高校のときの同級生がまさにそうだった。そこんとこは、人間も犬も変わらないのかもしれない。所詮、男（オス）は、女（メス）の変種なわけだから。

さて、大木町での朝の散歩では数軒の犬小屋の前を通るのだが、ほとんどの犬がダイスケに向かって、求愛するかのような吠え方や泣き声を発するのだった。なかには思い余って、つながれている鎖やリードを引き抜くか首輪抜けするかして、ダイスケの追っかけをする犬もいた。

そのくらいダイスケのモテ方はハンパでなかったのだ。にもかかわらず、ダイスケはそれらの犬たちをすべて無視した。大善寺町にいたときの恋人がそれほど良かったのだろうか、と思ったりしたが、そうではなかった。

と言うのは、大木町に引っ越すときに大変お世話になった近所の奥さんが、週に一回か二回は必ずウチに立ち寄って、ダイスケと遊んでくれていたからだった。

どうも、人間と犬との垣根を越えていたのでは、と思われるほどの親密な仲だったように思えた。まあ、モテるというのは、そういうことなのだろう。

ダイスケ犬は　奥さんが好き
ダイスケちゃんと呼ばれて　いい気持ち
癒(いや)される

近所の奥さんは、まるでマシュマロのようにとろけるような甘ったるい声で、やさしく「ダイちゃん」と呼びかけてくれる。

その声を聞くだけで、ダイスケは天にも昇る思いだったのではないだろうか。そしてそれは、後に証明されることになる。

ちなみに、ダイスケがもっとも好きな母は、何かいやなものを口にするかのような低い声で

「ダアイ」と呼んでいた。

私は「メシ食わん犬」とか「言うこと聞かん犬」と言った。

妹は「ダイのアンポンタン」が口グセだった。

ダイスケ犬は　奥さんが好き
しばらく見ないと　心配だ
どうしたんだろう

一ヶ月ほど、奥さんがウチに来ないことがあった。心なしか、ダイスケは元気がないようであった。

聞けば、実家のお母さんを一ヶ月間引き取って介護をしていた、ということだった。

だから、一ヶ月振りに奥さんを見たときのダイスケの喜びようといったらなかった。

これに関して、大善寺町にいたとき、私が二泊三日で家にいないことがあったのだが、帰って来たときのダイスケの喜ぶこと。15分くらい私にまとわりついて離れようとしなかったほどである。

言うことをよく聞いたクロならばそれくらいして当然かなと思うが、言うことを聞かないダイスケからこれほど喜ばれて、私も悪い気はしなかった。

しかし、一年後、同じ状況で帰って来たとき、そのときの再現を期待していたのだが、喜んだのはわずかに1分足らずで、あとは知らんぷりだった。

ダイスケに何かを期待した自分がバカだった、とつくづく思った。

つまりは、言うこと聞かん犬、と言うより、気まぐれ犬の面目躍如、と言うべきだろう。

ダイスケ犬は　居候（いそうろう）
お客が来ても　吠えもせず
あくびする

ダイスケは、老人や女性や子供には、基本、吠えることはなかった。が、それ以外の人には、吠えた。

言うならば、弱者にはやさしかったのである。

ダイスケ犬は　遠慮する
小犬がエサを　横取りしても
見てるだけ

やさしさの証明が、これである。

近所のちっこい犬が逃げ出してたまたまウチに来て、ダイスケのエサを食べていたことがあった。

ダイスケはどうしているのだと見回したら、少し離れたところに座って、それをただじっと見ていたのである。

「はあ？　……」

いったい、何やってんだ、と私は思った。その太い前足で、一発なぐらずとも、なでるだけで、そのちっこい犬を吹っ飛ばすことができるのだが、あえてそうしなかったのである。

言うならば、弱い相手には決して手を出さないというポリシーを、ダイスケは持っていたということである。どちらかと言えばケンカは強い方ではなかったが、ダイスケには妙な余裕があった。

ケンカと言えば、今までの犬ではクロが一番強かった。自分よりひとまわりも大きな犬を組み伏せたこともあったくらいである。

また、クロが相手めがけて全速力で向かって走って行くだけで、たいていの犬は尻尾を巻いて逃げ出していた。

一方、ダイスケはと言うと、必殺技とでも言うべき戦法があった。

それは、すぐ逃げるのである。すると相手の犬は、何のケーカイもせずに無防備のままで追いかけて来る。

と、そのときである。ダイスケは急ブレーキをかけ、一旦停止する。そして振り向きざま、いきなり相手に飛びかかるのである。

油断して追いかけていた相手は、突然のことにびっくりして、何が起こったのかわけもわからずあわを食って逃げ出すのである。

これは、敵を油断させておいてそこを討つ、という孫子の兵法を実践したものである。

ダイスケは、生まれながらに、それを身につけていたのである。

ダイスケ犬は　突然止まる
走っていても　急に止まり
振りまわす

ダイスケは、散歩の最初の百五十メートルダッシュで、よくこれをやった。おかげで、私は思いっきり振りまわされるのであった。

そして、これこそがダイスケのケンカ戦法の予行演習になっていた。

どうして急に止まるのかと言うと、一瞬、何か気になるものが目に入ったり、妙なにおいが鼻をついたりするからだった。

そんなわけで、全速力で走っていようが、急ブレーキをかけるのだ。慣性の法則にしたがって私は前へ行こうとするのだが、ダイスケに止められる形で、大きく振られることになるわけだった。

小さなことでもすごく気になるところは、人間が小さい飼い主に似たのかもしれない。

ダイスケ犬は　散歩して
家の周りを　パトロール
異常なし

別に、意識してパトロールしているわけではないだろうが、結果としてそうなっていた。
なぜ、そんなことをするかと言うと、ウチに帰ってそれで散歩終了では何か物足りないので、一分でも一秒でも長く散歩できる手段を編み出したのである。
まあ、いろいろと考える犬ではあった。

ダイスケ犬は　クソをする
散歩の途中で　三、四回

快調だ

前にも書いたが、ダイスケは、ウチでは絶対にしない。

また、オシッコは、決まった場所にしていたが、今までの犬は所かまわず、おかまいなしだった。

ただ、クロは、鉄製の機械の脚のところに長く、しつこくオシッコをかけ続けていた。すると、いつのまにか、その部分が腐食してしまっていた。

チリも積もれば山となり、思う一念岩をも通し、オシッコをかけ続ければ鉄をも溶かす……。

ダイスケ犬は　すぐ停まる
十歩行っては　立ち止まり
においかぐ

早い話、一分一秒でも長く散歩したいがための、単なる牛歩戦術である。

「ダイスケ。おまえの前世は、日本社会党（現・社民党）の議員だったのか」

ダイスケ犬と　散歩する
朝日に照らされ　影ふたつ
動いてる

これは、「ダイスケ犬の唄」での自信作である。
一身同体ならぬ、四身一体を言い表したつもりだが……。

ダイスケ犬は　突っかかる
大きな犬にも　突っかかる
恐れない

散歩でときどき出会う大きな犬に対して、相手の反応をみるためにわざと突っかかろうとするのである。

思わず後ずさりしたり、よけようとすれば、たいした奴ではない、と無視する。が、もし応じてきたならば、逃げからの反転攻撃という必殺ワザを使うのである。

ケンカに強くないことを自覚しているからこそ編み出したワザだと考えられる。

弱さは決して弱さではなく、使い方次第では強力な武器にもなる。

ダイスケ犬は　無視をする
どでかい犬と　出会っても
相手にせず

散歩で週に一回くらい、どでかい犬と顔を合わせることがあった。

最初と二回目のときは、相手の大きさにビビることなく、ダイスケは負けずに吠え合っていた。

が、三度目以降は、どうしたわけか、会っても無視するようになった。

するとと、どでかい犬はプライドを傷つけられたと感じたかどうなのか、

〈てめえ、ちっこいクセに、このオレ様をシカトしやがって、タダじゃおかないぞ！〉

とばかりに、今にもかみ殺しでもしそうな勢いで猛然と激しく吠え立てた。

ダイスケはと言うと、そんなのどこ吹く風と、シラーとして背を向けたまま、道端のにおいをかいでいた。

まるで、バカの相手をしているほどヒマではないぞ。せっかくの散歩の楽しみのジャマをするな、とでも言いたげに……。

ヘコタレ犬のクセに、妙なところは、腹がすわっていると言うか、度胸があると言うか……。

おそらく、どでかいだけの、ただのバカ犬と見切っていたのだろう。

してみれば、ダイスケは、私をバカだとは思っていないのだな、と改めて確認した。

ダイスケ犬は　かみくだく
固いものでも　かみくだく

何ちゅう歯

たぶん、ダイスケの歯は、ネズミの歯に似ているのだろう。

ネズミは、常に何かをかじっていないと、歯がこそばゆくて、やっていられないという。

また、獲物の肉だけではなく、骨までかみくだいて食べたというオオカミの血が、そうさせているのかもしれない。

ダイスケの奇異とも思われるひとつひとつの動作が、すべてオオカミに収斂（しゅうれん）されているようで、興味深い。

ダイスケ犬は　逃げ出さない
鎖がとれても　逃げ出さない
ウチが好き

大善寺町にいたとき、ダイスケをつないでおく鎖の留め具がダメになったことがあって、と

りあえず散歩用のリードで代替えしたのだが、翌朝、ダイスケはそのリードをかみちぎってい
たのである。
つまり、ダイスケは完全にフリーな状態だったにもかかわらず、それに気づかずに一晩中、
犬小屋のそばにいたのであった。
おそらく、ダイスケは、リードをかみちぎることに熱中していて、どこかへ勝手に出て行こ
うなんて気は起こらなかったのだろう。自由行動なんかするよりも、石をかじったり、何かを
かみちぎっている方が楽しいのである。
大木町でも、似たようなことがあった。
朝の散歩は、私より母の方が早く起きて、先に出かけるのだが、その母が、犬が離れている、
と大声で叫んだのであった。
私は、反射的にガバッとはね起きて、そのままのかっこうで玄関に出た。
すると、ダイスケが玄関先にチョコンと座っているではないか。鎖が外れてからもずっと私
が起きて来るのを待っていたらしいのだ。
私といっしょでないと、散歩に行ってはいけない、と考えているようだった。
散歩のときに放したら、けっこう勝手に動き回るくせに、自由の身となってもウチの敷地か

ら一歩も出ないのである。そこのところだけは、クロとよく似ていた。

近所の犬など、しょっちゅう脱走しては、飼い主をてんてこまいさせていたことを思うとき（私もたまに捜索の手伝いをさせられた）、言うことを聞かん割には、飼い主に迷惑をあまりかけない犬だったな、と今にして思う。

いいや、クロの場合は忠義心から脱走しなかったわけだが、ダイスケにかぎって言えば、ただ単に、ヘコタレ犬だったからである。

ダイスケ犬は　お留守番
山から帰って　写真撮る
ハイ・ポーズ

大木町に引っ越して来た初めの方は、やたらと山登りがしたくて、週に一度や二度は身内と近くの低山や遠くの高い山に登っては、使い捨てカメラで写真を撮っていた。そして、フィルムが残ると、決まってダイスケを撮ったものである。

朝早くに出かけて、夜に帰って来たこともあったが、ダイスケはひとりでしっかりと留守番していた。

どこかに出かけて、その帰りを待っていてくれる誰かがいるというのは、ささやかながらも、幸せなことだとつくづく感じたことだった。

ある意味、待っているダイスケのために、帰って来るみたいなところがあった。と同時に、ダイスケがいたから、泊まりでどこか遠くへ行けなかったのだったが……。

ダイスケ犬の　写真撮る
残ったフィルムで　写真撮る
カメラ目線

今までの犬は、ほとんどがカメラが嫌いで、撮ろうとすると、すぐ逃げ回った。

クロなど、なかなか撮らせてくれなかった。フラッシュがダメらしかった。そんなわけで、クロの写真は変なものが少ししか残っていない。

しかし、ダイスケは、まったく問題なかった。スナップ写真以外はすべて堂々たるカメラ目線で映っていて、まったく避ける素振りすら見せなかった。

とりわけ、母とのツーショットのときは、とても満ちたりた顔でうつっていた。

ダイスケ犬は　お留守番
ひとりきりで　ウチ守る
帰るまで

大木町では、山登り以外でも、ちょくちょく家を空けることがあったので、ダイスケは番犬というより、留守番犬だった。

そして、この詩がぴったりくるのは、むしろ大善寺町での一時期であった。

ある時、両親が揃って入院したため、ウチにいるのは私ひとりだった。妹と弟はそれぞれ別に住んでいた。

その私も、近くの倉庫で寝泊まりしていたから、夜、ウチにいるのはダイスケだけだったのである。

朝、私がウチに出向くと、ダイスケは、何事もなし、と報告するように、尻尾を振って私を出迎えるのであった。

このころからだったと思う、ダイスケに対して身内意識を抱くようになったのは。それまでは、本当にメンドクサイ犬としか思っていなかったのだ。

ともかく、一ヶ月以上も、よく夜ひとりでいてくれたと感心する。……もっとも、ウチに誰もいないことに気づいていなかっただけのことかもしれないが。

*

ダイスケがいたので、一泊以上の旅行ができなかった、と言わなければならない。

極端に言うと、ダイスケがウチの中心だった、ということである。

そのことを如実に示しているのが、島根県の足立美術館への日帰り弾丸ツアーである。

ダイスケの散歩は絶対に欠かせないので、私は朝の三時半に起きて散歩に行く羽目となった。

そして、何とか一時間で済ませてから、四時半に出発したのである。

帰って来たのは、夜の十時半を過ぎていた。

ダイスケは、やっと帰って来た、と喜んでいるようだった。

私は、バタバタしてエサを与えた。だが、ダイスケはすぐには食べようとしなかった。遅かったものの、とにかく帰って来てくれたことそれ自体が、何よりのごちそうだったのかもしれない。

ダイスケ犬は　欲求不満
小屋の屋根を　かみくだき
ひっぱがす

今までの犬で、ダイスケがもっとも恵まれていた。にもかかわらず、こういう形でストレスを発散した犬はいなかった。

「何が不満なんだ、ダイスケ！」と問いかけても、ダイスケは何も答えず、態度で返事した。他にも、かなり頑丈なプラスチック製のメシ桶を、見るも無残なガラクタにしたことがあった。……これには私も頭に来た。

ところで、ずっと前に飼っていた白っぽい犬で、チビというのがいた。妹が学校の帰りに拾ってきたのだった。成犬になっても小さいときのままの名で呼んでいた。

チビは、今までの犬で、もっともかわいそうな犬だった。散歩は週に一回あるかないか。メシもほとんどが猫まんまだった。鎖の長さは、二メートルもなかった。そして、その日常は、ノミとの果てしなき戦いの日々だった。

それでも、チビは、不満を表に出したことは一度もなかった。現実をそのまま受け入れていた。

今でも印象に残っているのは、雷である。たいへんなこわがりだった。

雷が鳴り響くと、チビは犬小屋からのそりと外に出て、雨に打たれっ放しになるのだった。

おそらく、狭い小屋の中でひとりでいるのはあまりに恐ろしく、耐えられなかったのだろう。

それよりは、雨に打たれていた方がマシだ、と思ったにちがいない。

そんなチビに、私がカサを差しかけてやると、感謝の念を顔いっぱいに表したものである。

そして、それとともに、ブルブル震えていたチビの体が少しずつ収まっていった。

これがクロになると、まったくのダメ犬と化した。雷鳴の強烈な音に、パニックをおこして、狂ったようにやたらと動き回って泣き叫ぶのである。

では、ダイスケはどうだったかと言うと、意外と平静を保っていた。が、それも30分が限界だった。30分をすぎたあたりから急に落ち着かなくなって、テラスを意味もなくウロウロしだすのだった。

私は何度かダイスケに、かわいそうなチビの話をしてやったことがあった。おまえはどんだけ恵まれていることか、と。

しかし、そんなこと、あっしとはかかわりあいのねえことでござんす、と言いたげに、相変わらず無関心の態であった。

ダイスケ犬は　母が好き
誰かが通ると　吠えかかる
守るんだ

ダイスケはめったにムダ吠えをしない犬なのだが、こと母に関してだけはよく吠えた。

母が外で草取りや何か他のことをやり出すと、ダイスケは決まってスッと母のそばまで行き、石かじりを始めるのである。

大好きな母が何かをやっているのに、自分が何もしないでただボオーとしているのは、たいへん申し訳ないことだ、とでも思っているようだった。

が、それがなぜ石かじりなのかは、よくわからない。

ただ、家の前の道路を誰かが通るたびに、母を背にして吠え立てていたものである。

まるで、母に対してほんの少しでも変なことをしようとしたら、ただではおかないぞ、と警告しているようだった。

母は、そもそも犬や猫などの動物が嫌いだったから、自分からすすんで犬に何かをすることはめったになかった。当然、エサはやらないし、なでてやるようなこともしなかった。

にもかかわらず、ダイスケにとって、母は特別な存在だったのである。なぜか。

それは、大将は何もしないものだ、そして自分とかかわりを持とうとするのは、下っ端だからだ、という認識があったから、と考えられる。

そうでなければ、今までの犬が例外なく妹を女王様のようにあがめていたのに、ダイスケだけが自分より妹を格下だとみなしていたことの説明がつかないのである。

ダイスケ犬が　死んだなら

おまえも死ぬので　ウチも死ぬと母が言う

私が死んだら、母は、生きていたって仕方がないから、すぐ後を追うとか何とか、たまに口にしていた。要は、私に対して、何があっても、または、間違っても自分より先に死ぬなよ、と言いたかったのである。

それは、理解できる。そうかもしんない、と私も思っていたから。かつて、誰かが言っていた。両親が死ぬまでは自殺できない、と。言うならば、お互いさま、ということである。

そうは言ったものの、腑に落ちないのは、母がダイスケと私のことを、そんなふうに考えていたということである。なぜ、ダイスケが死んだら、私も死ななければならないのか、または、死ぬことになるのか。

これではまるで、私とダイスケは一心同体と言ってることと同じではないか……。そんなバカな、と反論しようとしたが、母の目にはそのように映っていたのだろう。それとも、似た者同士の同類とみなしていたのかもしれない。

母がそう感じていた根拠に、少し心当たりがあった。それは私が、親戚や近所に、魚料理をして骨を捨てるときは、ウチに持って来て下さい、と頼んでいたことである。それと外食で、捨てる骨が出たら必ず持って帰ったからである。あと、パン屋から出る食パンの端切れもそうである。

妹ほどではないにしろ、私もけっこうダイスケの悪口を言っていたものだが、それにしては、言っていることとやっていることが違うではないか、と母は思っていたのだろう。

それにしても、ダイスケが死んだら私も死ぬとは……。

ダイスケ犬は　死ぬ前に
奥さんにさわられ　いい気持ち
もう死んでもいい

ダイスケは、死ぬ一年半ほど前から、突然、全身ケイレンを起こして、人事不省に陥ることがときどきあった。

そのたびに、水をぶっかけて頭と体を冷やしてやると、しばらくして落ち着くのだった。

なぜ、こんなことになったのか。おそらくは、夜の散歩で車に突進したとき、したたか頭を打って脳の一部を損傷していたからだ、と考えられる。

死ぬ前日まで、ダイスケに変わったところはまったくなかったのに、翌早朝の四時半頃に急にケイレンを起こしたのだ。寝ていた私は異変に気づくのが遅くなって、しばらく経ってからダイスケに水をかけたのだが、いつものように落ち着くことはなく、ダイスケは横になったまずっとケイレンし続けたのであった。

私は、ああ、もうダメだと思って、ダイスケをかわいがってくれていた近所の奥さんに電話をした。

「もう、長くはないかもしれない……」

しばらくして、奥さんが来た。

奥さんは、ダイスケの体をさすりながら、いつものようにやさしく声をかけた。

「ダイちゃん、ダイちゃん、しっかりして。がんばるのよ」

と、そのとき、ダイスケがいきなり泣き声をあげたのである。奥さんの問いかけと励ましの声に、必死で答えようとするかのように……。

正直、私はムッとした。なぜなら、それまで私や母が代わる代わる声をかけていたにもかかわらず、ダイスケは、死んでいるかのようにまったく反応しなかったからである。

それが、どうだろう。奥さんの声だけをはっきりと聞き分け、あろうことか、まだ死んでいません、まだちゃんと生きています、と奥さんに訴えようと、急に生気を取り戻して泣き声をあげたのだ。

ダイスケの奴、この期に及んでも私を無視するのか、と思わないではなかった。

が、奥さんの呼びかけにもかかわらず、ダイスケはついに立ち上がることはなく、また泣き声も出なくなり、次第に意識も薄らいでいった。

そして、平成十九年二月九日、午前十一時にケイレンが止まったと同時に、ダイスケはもうピクリとも動かなくなった。

＊

別れは、突然やってくるものである。しかし、それは人がその予兆を見逃しているから、突然のように思えるのだ。

また、別れは必ずやってくるものだし、生きていれば、死は当然の出来事である。

そんなことを日常生活を送るなかですっかり忘却しているから、別れが突然やってくるように感じられるのだ。

その夜、妹と弟を呼んで、ウチの片隅にダイスケを埋めた。意外と広く深く掘らなければならなかった。

*

ついに来る道とはかねて覚えしが昨日今日とは思わざりしを

ふと口からそんな言葉が出た。
ダイスケ、享年、十一歳。
今までの犬で、もっとも長生きだった。ちなみに、二番目はクロの十歳だった。

追憶編

母とツーショットのダイスケ。後ろのライトバンの下をくぐって車体の底に鎖を打ちつけいた

ダイスケが死んだ日の翌早朝、いつものように母は散歩に出かけたが、その間ずっと歌っていたという。

それは、その頃流行(はや)っていた『千の風になって』であった。歌詞の一部、泣かないでください、のところはグッときたそうだ。

泣かないでくださいと言われても、勝手に泣けてしまうのだから……と母は言った。

今までの犬が死んでも、べつに何ともなかった母が、泣けてしかたがなかったというのは、だからダイスケが初めてである。

車でわずか20分くらいしか離れていないとはいえ、見知らぬ土地で新しく生活していくのは、母には随分と心細かったのだろう。

それを少しでも慰め、癒してくれたのは、ダイスケの存在だったにちがいない。そこには、動物嫌いの入り込む余地はなかったのだ。赤の他人ばかりの中では、たとえいやであっても、まだ身内の犬の方が断然マシ、ということだったのかもしれない。

つまりは、母にとって、ダイスケの存在は、番犬ではなく、家族の一員だったのである。

これまでは番犬が死んでも泣くことはなかった。しかし、今回は家族が死んだから、母は泣いたのだ。

＊

前に、ダイスケが死んだら、その悲しみでおまえも死ぬだろうから、そのときは、ウチも死ぬ、と母が言ったと書いたが、私は死ななかったので、母もまだ生きている。

＊

ダイスケは、小屋の中にいないときは、たいていテラスで寝そべっていた。その死後、テラスのすぐ近くにある草木などが風で揺れると、母にはそれがダイスケの尻尾に見え、ダイスケが生きているかのような錯覚にしばしば陥って、そんな状況からしばらく脱け出せなかったという。

言うならば、死んだ後もしばらくはまだ、母のなかでは、ダイスケは生きていたのだった。

＊

ダイスケが死んだ年の大晦日、私は、ダイスケ犬のいない大晦日一回目と口にし、翌元日には、ダイスケ犬のいない正月一回目とつぶやいた。以来一年が経つたびにずっと回数を重ねている。

ダイスケ犬は　死んじゃった

死んじゃったけど　ひとりになっても
散歩行く

今までの犬が死んだのは、事故死以外では夏ばかりだった。だから、夏を乗り切りさえすれば、犬たちの寿命は確実に一年は延びたのである。

ところがダイスケは、一番好きだった冬に死んだのである。寒いところの犬だったのになぜと思ったが、逆に、ダイスケは自分に一番快適な寒いときだから死んだのかもしれないとも思った。それにしても、ダイスケは死ぬのもマイペースだった。

それからもう一つ。今までの犬の生年月日や死亡年月日は私はほとんど忘れていて、享年さえもうろ覚えなのだが、ダイスケだけは、どちらもしっかり飼い主の記憶のなかに刻み込まれているという稀有な犬だった。

すなわち、母の入院中にもらわれてきて、私の新車が来るまさにその日に死んだのである。

そのため、ダイスケが死んで何年経つというのは、車の使用年数とリンクしているから、すぐに、ああ、もうそんなになるのだ、とわかるのである。

ダイスケとの散歩は、ある意味、苦役みたいなものだった。だから、ダイスケが死んだら、もう行く必要はなかった。

しかし、長年の習慣とはおそろしいもので、体が散歩することを欲したのだ。それで、最初は、ダイスケの呪いと称しながらもいやいや散歩していたものだが、次第に朝の散歩を、ダイスケの置きみやげと思うようになった。

そんなわけで、大雨のとき以外はなるべく出かけている。

ダイスケ犬が　死んじゃって
ダイスケ犬の　唄歌う
けど　歌えない

と言うのも、「ダイスケ犬の唄」を歌おうとすると、ダイスケがまだ生きているような感覚に襲われて、つい泣きそうになるからである。

忠実で何でも言うことを聞いたクロが死んだときでも、私は立ち直るのに一週間はかからなかった。ところが、言うことを聞かない気まぐれ犬が死んで、二週間以上も立ち直れなかったのだ。

さらに、その死を現実として受け入れられるまで、もう半年かかった。

これは、私が大ファンだった、アイドルＳが結婚したとき、その衝撃を振り払うことができるまでかかった期間とほぼ同じだった。……なるほど、ダイスケが死んだら私も死ぬかもしれない、と母が心配したのは、こういうことだったのか、と改めて思い知らされた。

だがしかし、アイドルＳとダイスケ犬が私のなかで同格であったことに、何か釈然としないものを感じた。そしてそれは、アイドルＳへの冒瀆（ぼうとく）のように思えたのだ。あの言うことを聞かん犬が……。

ダイスケ犬が　死んでから
七時のサイレン　救急車で
遠吠えない

近所の人たちによれば、ウチらが引っ越してくるまでは、どこの犬も七時のサイレンや救急車のピーポーにはまったく無反応だったという。それが、ダイスケが遠吠えするようになってから、多くの犬が共鳴してダイスケに唱和するようになったのだった。

ダイスケの死後、遠吠えする犬が減って、ついには、どこの犬もやらなくなった。

ダイスケは、遠吠えすることによって、番犬の存在を広く知らしめ、地域の防犯にけっこう貢献していたのだな、と七時のサイレンの音や救急車のピーポーを耳にするたびに、在りし日のダイスケの遠吠えに想いをはせるのだった。

ダイスケ犬は　毛が抜ける
母の白髪も　よく抜けて
どっちがどっちかわからない

家の中で毛が落ちていると、必ず母は言ったものである。私がダイスケの毛を家の中に持ち込んでいるのだ、と。

そうかなあ、と半分は疑っていたが、そうかもしれない、とも思っていた。

しかし、ダイスケが死んだあとも、やはり家の中にはあちこちに長い毛が落ちていた。すなわち、母のアリバイが崩れたのである。

母がダイスケの死を惜しんだのは、このためだったのか、とも思った。

ダイスケ犬が　死んだあと
ごはんを炊く量が　減っちゃった
どんだけ食ってたんだ

メシ食わん犬、というのが私にとってのダイスケの代名詞だったのだが、実際は、そうではなかったのである。

それまで、米一〇キロを三週間で消費していたのが、家族がひとり減ったら、一ヶ月もつようになったのだ。

つまり、ダイスケは、米のおよそ四分の一を食べていたわけである。

メシ食わん犬がちゃんとメシを食っていた。このことは、印象と実体は必ずしも一致するものではない、ということでもある。

また、この伝で言えば、ダイスケは、実は私が思っていたほどには言うことを聞かん犬ではなかったということになるわけだが、そんなことは絶対にありえないことである。もしそうだとするなら、それはダイスケではなく、クロでなければならない。

ダイスケ犬が　死んだあと
散歩する犬から　かがれます
いいにおい？

私がひとりで散歩していて、犬を連れた人に出会うと、その犬たちから必ずにおいをかがれるのだった。そして、私について行こうとするのだ。

おそらく、ダイスケ犬のにおいがたっぷりと私の服や体にしみついていたからなのだろう。

それほど強烈なフェロモンをダイスケは発散していたのか、と改めて思った。

ちなみに、私がよその犬をさわってウチに戻ると、クロは私の手のにおいをしつこくかいで、なかなか私を自由にしてくれなかったものである。これがダイスケになると、ひと通りにおいはかぐものの、すぐに私から離れるのだった。

メス犬に苦労した犬と、そうでなかった犬との、これがその差なのだろうか。してみれば、人間のオスとそんなに違わない。

ダイスケ犬が　死んだので
魚の骨を　捨てている
あぁ　もったいない

魚の骨を見るたびに、ダイスケのことを思い出し、あいつが生きていれば、どんなに喜ぶことだろうかと思うと同時に、捨てるのがもったいないな、と強く感じ、できるものなら、ダイスケの代わりに自分が食べたいとまで妄想するようになった。

ダイスケ犬は　恵まれていた
毎日の散歩に　魚の骨
それとパンの端

もし今までの犬たちがダイスケの待遇を目にしたら、何という贅沢をさせてもらっているのだ、とうらやましがったはずである。とりわけ、白っぽい犬のチビはそうである。

しかし、ダイスケは、そんなことは露ほども感じていなかった。それどころか、前にも書いたように、欲求不満の犬だった。

これは、人間の欲に似て、ある意味、際限がない。もっとだ、もっと……、と。

それが、ダイスケであった。

そうでなければ、犬小屋の屋根をひっぱがしたり、エサおけをズタボロにかみくだく、なんてことはしなかったはずである。

生活の基本中の基本である住と食に対して不満をぶつけるなど、飼われている犬としては言語道断の所業と言わなければならない。

そもそも、欲求不満とは、恵まれていることの自覚がまったく欠如していることから起こる感情に他ならない。そのために、何不自由のない生活からよく芽ばえるのだ。

恵まれていることが当たり前になると、恵まれているという意識が稀薄になる。世の中、当たり前と思われていることは、実は恵まれていることの結果だというのに。

ダイスケ犬が　死んでから
ときどき散歩で　聞かれます
あれ？　犬は

ダイスケが近隣でも有名だったとは、このとき初めて知った次第である。

犬仲間ではモテ男で通っていたが、まさか人間界でもそうだったとは……。

ダイスケ犬が　死んだのに

それでもときどき　犬が来る
あれ？　いない

ダイスケは死んでからも、一部の人や犬にとっては、まだ生きていると思われていたのである。おそるべき存在感と言うべきか。

ダイスケ犬が　死んでから
猛暑の夏が　やって来て
死にそうだ

寒いところの犬で、毛深かったから、ダイスケにとっての夏は、地獄の日々だった。
それに、暑いだけではなく、うるさく、刺されたらかゆくて仕方がない蚊が一日中眠りを妨げるのだ。

『夏の思い出』という聞くだけで涼しくなる名曲がある。しかし、あれは、夏を避暑地で過ごした思い出を歌にしたもので、一般人の感覚とは完全にズレていると言わなければならない。

ダイスケにかぎらず、一般人にとっての夏の思い出とは、熱中症、食中毒、蚊、台風、川や海での水難事故、寝苦しい熱帯夜、それからくる睡眠不足、夏バテ、食欲不振などである。

つまり、あの清らかで涼しげなメロディや詩とは真逆なものばかりなのである。

冬は越す、そして夏は乗り切る、という。越すにはそれほどの体力、気力はいらないが、乗り切るためにはそれ相応のエネルギーが必要なわけで、思い出などといった感傷的なものの入り込む余地はあまりない。

ダイスケ犬が　生きてても
今年の夏で　死んだだろう
めちゃ暑い

夏の暑苦しさに耐えてでも生きている方が良かったのか、それとも、殺人的な夏を迎える前に死んで良かったのか……。ついそう考えてしまうほどの、その年の夏の暑さだった。

しかしながら、やはり、死ぬより生きている方がいいに決まっている。

が、そうは言っても、殺人的な夏の暑さを生き抜くには、死の苦しみならぬ地獄の苦しみに耐えなければならないのもまた事実である。

つまり、生きるとは、苦しむことなのだな、とつくづく思い知らされた夏だった。

また、ときどき耳にするのが、大災害に襲われる前に死んだ人のことを、いいときに亡くなられた、という言葉である。

そんなわけで、夏の暑さで苦しみのたうちまわって死ぬよりも、ダイスケにとっての快適な寒い冬にひっそりと死んだ方が、ダイスケのためには良かったと思った。それくらい暑かった、その年の夏だった。

ダイスケ犬の　初盆で
妹が食中毒　母がダウン
病院行き

病気とは縁遠い者でも、ダイスケが死んだ年の夏は、それほど暑かったということである。こんな苦しさに耐えてまで生きていかなければならない理由が、人にはあるのだろうか、と深刻に思った夏だった。

ダイスケ犬が　死んでから
どろんこ道が　アスファルト
もう遅い

飼い主に似てひねくれているのか、ダイスケは変な道が好きだった。散歩で、普通の道と足許に難がある道のどちらかを行くとしたら、迷わず、難のある道を行った。飼い主の意向など、おかまいなしに、である。

だから、わざわざホソウされていない農道をよく歩いた。が、これが私には苦痛だった。おかげで、水たまりに何度足を踏み入れさせられたことか。つまり、ダイスケは水が嫌いなくせに、雨上がりの日には、わざと水たまりを歩いていたのである。

そして、冬の朝の凍った水たまりは、特にお気に入りだった。一面に張った氷を踏んづけては、パリパリと音を立てて歩くのである。

ライトバンの車体の底に鎖を当てて音を鳴らしていたように、ダイスケは、どうも音を立てるのが好きだったようである。

ダイスケが死んだ年の秋、どろんこ道の半分がようやくホソウされた。

はっきり言って、もうどうでも良かったが、どろんこ道の水たまりはダイスケとの懐かしい思い出になっている。

ダイスケ犬は　死んだけど
それでもときどき　口にする
ねえ、ダイスケ犬

いつの頃からか、私はダイスケに向かってひとりごとを言うのが習慣になっていた。同意を求めるように一方的に話しかけるのだが、もちろん、ダイスケは知らん顔である。

ただ、たまあにだが、私の話しかけに、うなずくことがあった。

そんなとき、私はこう言ったものである。

「おい、ダイスケ。おまえもホントにそう思っているのか」

そんなわけがない。単に、話しかける私に顔を向けていただけのことである。

それから、ひとりごとのあとに、「ねえ、ダイスケ犬」と続けるのが口グセになっている。

他にも、「ヤル気ねえ、ダイスケ犬」、「どうしようか、ダイスケ犬」、「もう、どうでもいいか、ダイスケ犬」などと、今でも亡きダイスケに、生前同様に問いかけている。また、ときどきそのあとに「メシ食わん犬」と言うこともある。

それにしても、話しかける相手がダイスケとは、こんなさびしいこともなかった。

ダイスケ犬の　夢を見て
ダイスケ犬は　生きていた
でも　目がさめた

夢の中でダイスケに会えたわけだが、なんだ、生きているじゃないか、と喜んだのも束の間、目がさめて、夢だったのか、とがっくりした。

いい夢を見ろよ、とか言う。しかし、いい夢ほど残酷なものはない。それは、現実離れもはなはだしいからである。であればこそ、夢なら、さめるな、と切実に願うわけである。が、夢はさめるから、夢なのである。

悪い夢のことをを、そのまま悪夢と言ったりする。だが、現実として、悪夢はいい夢なのである。

なぜなら、目がさめたとき、ああ、良かった、夢で……、と必ずほっと安心できるからである。

ダイスケ犬が　死んでから
一年経っても　言われます
犬、どうしたの？

一人で散歩しているとき、こう聞かれてびっくりした。

「死んで、一年になります」

「そうだったの……」

そんなにまで目立っていたペアだったのか、と今さらながら思ったものである。

一年過ぎたのに、まだその存在が忘れられていないとは……。

が、それが最後の問いかけとなった。

ダイスケ犬の　夢を見て
夢の中でも　言うこと聞かん
何ちゅう犬

ところが、言うことを聞いたときは、本当に驚いた。

が、あとでよおく考えたら、それはダイスケの姿をしたクロだったのである。落ち着きがなかったから、わかったのだ。

逆の場合もあった。クロなのに、ほとんど言うことを聞かないのだ。いくら呼んでも、振り向きもしない。

あっ、そうか。あいつは、ダイスケだな、などといつしか夢の中で見分けることができるようになった。

それでも、ときどきわからないことがあった。クロとダイスケがゴッチャになってしまっていて。

そのときは、名を呼んでみるのである。すぐにやって来れば、クロ。グズグズしてなかなか来なかったなら、ダイスケ。

人間も同じで、見た目や仕草をどんなに変えても、その本性はなかなか変わらないし、変えられない。

ダイスケ犬外伝

子犬のころのダイスケ

大木町に引っ越して、ダイスケの散歩がグンと長くなって、「ダイスケ犬の唄」以外でもいろんなことを考えていた。どれも、くだらないことばかりだったが。

たとえば、大木町である。はっきり言って、何の変哲もない町名である。由来からして、大溝と木佐木が合併して、双方の頭文字を取ってくっつけて命名された単純な名前である。同じ三潴郡でも、久留米市と合併した三潴町や城島町は、歴史的に由緒のある町名だっただけに、大木町の平凡さは際立っている。

それで、これではならじ、と英語名を考えたわけであった。

大木町の大は、普通ならば、ビッグである。だが、これではただ大きいだけ、というイメージがある。ウドの大木、のように。

そこで、偉大の大としてのグレイトとした。

次に、木はツリーだが、グレイトツリーではバランスが悪く、しまらないので、グレイトに対応する木の単語として、ウッドとした。

すなわち、大木町は、グレイトウッドタウンとなるのである。

私が住んでいる地区は、大字が横溝で、小字は五反田という。

横溝の横は、サイドで、溝はクリークである。したがって、横溝はサイドクリークとなる。

大木町のように、変にひねる必要はなく、きれいにまとまった。

そして、最後の五反田は、数字を応用した。五反の田んぼは、一町の半分である。町はタウンだから、その半分ということで、ハーフタウンとなる。

こんなわけで、大木町を英語風にすると、ハーフタウン、サイドクリーク、グレイトウッドタウンという、なかなかかっこいいしゃれた町名になるのであった。

この中の自信作は、ほぼ直訳ながら、大字のサイドクリークである。何となれば、ウエストサイドストーリーにかすっているからであった。

＊

この他、五反田地区に住んでおられる住民の名字についても、いろいろ考えてみた。

私の親戚が三潴町の原田（はるだ）という地区に住んでいるが、そこはほとんどが原武姓である。歌手の郷ひろみの本名である、あの原武なのだ。

それはさておき、五反田もまた、ある姓によって占められている。その順番には気を遣って五十音順として、境さん、中島さん、野田さんである。もちろん、他の姓の方もおられるが、ウチも含めてよそからの転入者である。

その三姓であるが、いかにも、と思われる名前ばかりであるため、どうしてそうなったのかを、これまたダイスケと散歩中に勝手に想像したのである。

まず、境さんである。これは、そのまま境界からきている。つまり、国と国、あるいは、村と村との境にいたから、境さんと称したのだ、と。

次に、中島さんは、大字が横溝と言われているように、周囲を溝で囲まれたなかでぽつんと島みたいなところに住んでいたので、中島と名乗ったのではないか。

これらの二姓と比較して、最後の野田さんは少し事情が違う。と言うのも、境さんや中島さんはその居付いた場所の状況がそのまま姓に反映されているのに対し、野田さんの姓は、自らの力によってつかみ取ったことに由来するからである。

普通、野田の野からは野原をイメージするが、本当は、荒野の野なのである。そしてそんな荒れた土地を開拓して田んぼを作ったという苦難と努力の実績を姓としたものである。

したがって、野田さんの姓には、これとは別に、どうだ（すごいだろう）という強烈な自己主張の意味が込められているのだ。

これらのことから考えられるのは、この地に最初にやって来たのは、当然パイオニアである野田さんでなければならない。

ところで、五反田地区は、大木町でもっとも筑後川の近くに位置しており、筑後川の対岸はもう佐賀県（肥前国）である。そんなわけで、荒れ野が田んぼになった国境を守るために入植して来た人たちが境姓を名乗ったのではないか。

その後にやって来た人々が溝だらけのなかでも少し干上がって島みたいになっているところに住みつき、そのまま中島と称したのだ、と。

そして、このような集落の成立の経緯があって、現在に至るまで共存共栄が続いているのだろう……。

とまあ、ダイスケとの散歩のなかで、こんなことを考えたり、思いついたりしたのである。

したがって、この本も、そんなダイスケの置きみやげ、と言うことができる。

＊

さて、ダイスケ犬の唄、というタイトルなのに、クロやチビが登場しているわけだが、そうなるとやはり、この犬をはずすわけにはいかない。それが、初代クロである。

彼は、犬の中の犬であった。飼い主に忠実であるところは、クロと同じであったが、犬としての誇りを持っていた。

ダイスケやクロと違って、尻尾をつかもうとすると相手が誰だろうと、何しやがんで、とばかりにかみつこうとした。そこに犬としてのプライドの高さを感じた。

忠実さも、クロはどんなことでも私たちの言うことを聞いたのに対し、初代クロは、放し飼いの特権を十分に発揮したものである。

それはどういうことかと言うと、家族の誰かが外に出ようとすると、必ず護衛としてついて来たのである。が、困ることもあった。学校へ行くときにもついて来るのである。どんなに、帰れ、と言って追い返しても、聞く耳を持たなかったのだ。文字通りのありがた迷惑だった。

また、その当時、近所には共同浴場があって、家族はめいめいが自分の好きなとき、都合のいいときに風呂に入りに行っていたが、初代クロは家族全員にそれぞれついて行き、出てくるまで浴場の入り口に座ってじっと待っていたのである。

そういうわけで、近所の人は、浴場の入口に初代クロを見かけると、ははあ、ウチの誰かが入りに来ているな、とわかるのだった。

誰もそこで待っていろ、と言ったこともないのに、初代クロはまるでそれが自分の使命であるかのように、家族を守っていたのである。

したがって、同じ忠実さと言っても、クロのそれとは比べものにならない自発性を、初代クロは生まれながらに体現していたのである。

そんな初代クロにも、欠点があった。それは、やたらとケンカっ早かったことである。

当時は放し飼いだったから、神社や公園にたむろしている数匹の野良犬どもを見かけると猛然と襲いかかって行くのである。なぜ、そんな無謀なことをするかと言うと、サシでケンカをして負けたことがなかったからだ。

なまじ腕に覚えがあったためか、勢いで十匹くらいの集団の中に単身で突進したことがあったが、多勢に無勢で負けていた。そんなことが、二度ならず、三度も四度もあった。

ところで、初代クロが一番好きだったのは、良き遊び相手だった妹である。が、彼は家庭での序列をしっかりと認識していた。であればこそ私が呼ぶと、妹と楽しく遊んでいる最中でも、私のところへすっ飛んで来るのである。すると、置き去りにされた妹はよく泣いた。そんなときは決まって、父がクロを呼んだ。すると、クロは、今度は私を捨て置いて、父というか、妹のところへ舞い戻るのだった。

そんなわけで、今までの犬のなかでどれが一番かと言うと、断然、初代クロである。

だから、初代クロが事故で突然死んだときは、一週間二週間どころか一ヶ月は落ち込んだ。そしてその間ずっと、初代クロを埋めたところに線香をあげていた。

それはさておき、ならば、初代クロとダイスケのどちらかを選べと言われたら、私は大いに迷った末に、ダイスケを選ぶだろう。

なぜなら、犬としては初代クロの方がはるかに格上なのだが、私との釣り合いを考えた場合、残念ながら、ろくでもない犬の方になってしまうからである。賢い犬とそうでない犬とでは、そうでない犬の方が身近で親しみやすく、気軽につき合えたからである。

何と言ってもダイスケは、エサを食べているときに、私が尻尾を握って左右に振っても、どうもしないというところが良かった。

人間も犬も、やたらプライドが高かったら、けっこうつき合いづらいものである。

おわりに

ダイスケ犬の死を受け入れて、ダイスケロスが日常のことになるまで半年を要したことは前にも書いた通りだが、そういう平常な状態に戻るまでに、私はあるアニメをよく見ていた。いつも勝手なことばかりしている気まぐれ犬のバロンが出てくる『ペリーヌ物語』である。そう、私はバロンにダイスケの面影を見ることで、ぽっかりと空いた穴を少しでも埋めようとしたのである。ただし、原作には、バロンは出て来ない。完全なアニメのオリジナルであるが、そんなことを疑う余地のないほどの存在感があった。

それはさておき、ダイスケが死んでもう十年以上になるが、ずっと後悔していることがある。それは、大善寺町の家が壊されてサラ地となり、今では近くの工場の資材置き場になっているところを、ダイスケを見せに連れて行かなかったことである。

自分が長いこと住んで（六年半）慣れ親しんでいたかつての家が、跡形もなくなっている現実を目の当たりにしたとき、はたしてダイスケはどう思うだろうか、という個人的興味があったのだ。

いつでも連れて行けると思っているうちに、ダイスケが突然死んでしまったため、とうとうそれを果たせないままとなってしまった。まさに、後悔先に立たず、だった。

勝手に想像するに、ダイスケは、何てこった、と驚くか、どうしてこんなことになってしまったのだ、と悲嘆するか……。

が、ダイスケのことである。少し前まで住んでいたところがどうなっていようと、別にどうでもいいことだ、と無反応を決め込んだのではないだろうか。私としてはダイスケが、一声遠吠えでもしてくれることを、密かに望んでいたのだが……。

＊

以前、かかりつけの動物病院からきた暑中見舞いのハガキに、ダイスケの名がしっかりと書かれてあったのを、冗談半分でシャレて、大好け、と書き直したことがあった。当時は、そんな気はあまりなかったのだが、結果として、いつの間にかそうなってしまった。

それにしても、言うことは何でもよく聞いて、できないようなことでも必死になって飼い主の言うことを聞こうとしたクロではなく、言うことを聞かなかった気まぐれ犬の方が、より心に深く刻まれているとは、まったくもって、おかしなことだと言わなければならない。おそらく、お互いロクでもない同士だったからだろうか。

＊

幸せは、ある意味、ダイスケとともにあった、と今になってつくづく思う。つまり、青い鳥はダイスケだったわけで、とは言うものの、それが事実だとしたら、まあ何とも安っぽい幸せだったことか。

しかしながら、幸せは、本来、そんなものかもしれない。なぜなら、ほんの小さな不幸で、幸せはあっという間に崩れるからである。千丈の堤がアリの一穴からそうなるように。

言うならば、人生なんて、もともとそんな安っぽいものなのかもしれない。

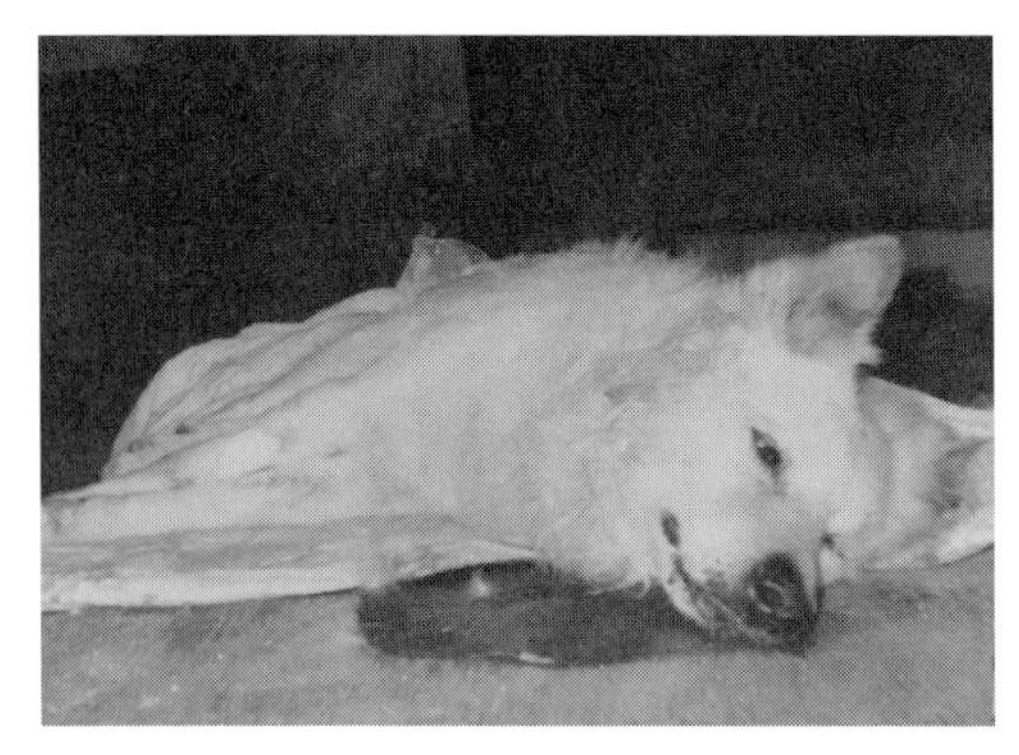

死んだ日の夕方、薄目
があいていて、まだ生
きているように見える
ダイスケ

ダイスケとは真逆で、
もっとも忠実だった
クロ。右は写真を避
けている。

初代クロの後ろ姿

もっともかわいそうな犬、チビ

あとがき

「ダイスケ犬の唄」は、大木町に引っ越して来て、かなり長い時間を散歩する羽目になったことへの気晴らしから出来たもので、一番最初の「ダイスケ犬は　メシ食わん〜」は、大善寺町にいたときから口ずさんでいたし、今でもよく口にしている。

それから少しずつダイスケのエピソードを次々に唄として加えていったのである。

そんなわけで、「ダイスケ犬の唄」はいろんなことがゴチャマゼになって、順番も当然、順不同だった。それを、大善寺町編、大木町編、追憶編に分けて、説明文を添えたのが、本書である。

佐野量幸（さの　かずゆき）

1955年生まれ。
福岡県三潴郡大木町在住。
著書『筑後川物語　筑紫広門の生涯』（葦書房）
　　『山内の鷲 神代勝利　佐賀戦国武将物語』
　　（不知火書房）など

ダイスケ犬の唄　死後十年経ってもまだ歌っている

2018年1月15日　初版第1刷発行©

定価はカバーに表示してあります

著　者　佐野量幸
発行者　米本慎一
発行所　不知火書房

〒810-0024　福岡市中央区桜坂3-12-78
電　話 092-781-6962
FAX 092-791-7161
郵便振替　01770-4-51797
制作　渡邉浩正
印刷・製本　モリモト印刷

落丁本・乱丁本はお取替えいたします　Printed in Japan

ISBN978-4-88345-115-9 C0095